今日から
モノ知り
シリーズ

トコトンやさしい

エントロピーの本

第2版

エントロピーは、自然現象に対するものの見方を深める意味で非常に重要な物理の概念です。本書は数式を極力用いずに、身近な具体例を使ってエントロピーをやさしく解説しています。

石原顕光

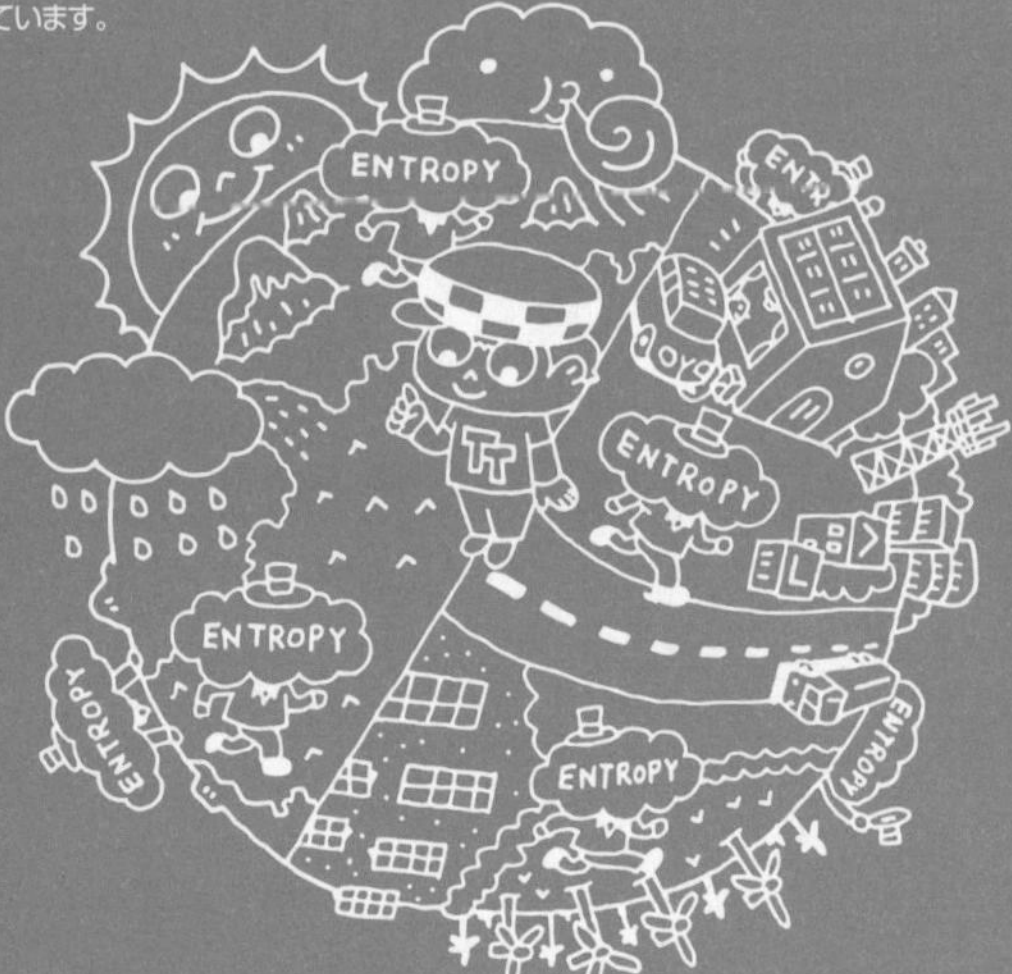

B&Tブックス
日刊工業新聞社

はじめに

エントロピーは、身の周りで起こる、一見関係ないようなさまざまな現象と本質的に深くかかわっています。世の中で起こるすべての現象は、一方向にしか進まないという変化の方向性をもっています。エントロピーは、この変化の方向性を理解するために、人間が見出した普遍的な考え方・ものの見方です。そのエントロピーを理解するためのとっかかりを得ていただくことを目的として、２０１３年に初版を刊行しました。

エントロピーが、いかにいろんな現象とかかわっているかを理解することは、私たちの自然現象に対するものの見方を深める意味で非常に重要です。たとえば、鉄が錆びる・ものが燃える・結露する・蒸発する・匂いをとる・ものを溶かす・打ち水で冷やす・融雪剤で融かす・ナメクジが塩で縮む・漬物はシワシワで腐りにくい・海中で眼を開けると痛いなど、すべてエントロピーの観点から理解できます。

また、現在、わが国はもちろん、世界的にもエネルギー・環境問題が大きくクローズアップされています。エネルギー問題は、エネルギーの枯渇問題と思われていますが、エネルギーは保存されて無くならないため、正確にはエントロピー問題なのです。そして、急速に導入が進められている再生可能エネルギーやリサイクルをはじめとする環境問題も、エントロピーの観点からとらえることが必要です。

初版では、エントロピーを理解していただくために、筆者にできる範囲で具体的な現象もできるだけ取り上げて記述してみました。エントロピーは熱力学という学問で取り扱われます。熱力学の範囲では、エントロピーが増大するのは「法則」とされており、「なぜエントロピーが増大するのか」については答えてくれませんし、答える必要もありません。とはいうものの、「なぜか」をやっぱり知りたくなるのが知的好奇心というものです。それに果敢に挑戦したのが、ルートヴィッヒ・エードゥアルト・ボルツマンです。彼が見出した「ボルツマン分布」は、その後の量子力学とも合わさって「統計力学」という学問に発展しています。初版では、第6章で少しボルツマン分布について解説しましたが、不十分だと感じていました。そこで、もう少し深く掘り下げてボルツマン分布を解説したいと思っていたところ、第2版を刊行させていただく機会を得ました。突き詰めれば結局は、「なぜエントロピーが増えるか」というと、世の中はそうなっているからとしか答えられないのですが、少しでも違う観点から興味をもっていただき、さらに深く学習していただくきっかけになれば幸いです。

第2版の刊行に際して、執筆の機会をいただいた日刊工業新聞社の奥村功氏、編集上のアドバイスをいただいたエム編集事務所の飯嶋光雄氏、また本文デザインを担当していただいた志岐デザイン事務所の奥田陽子氏に謝意を表します。

最後に、初版刊行後も引き続き月1回の物理化学勉強会に参加して一緒に議論していただいている、新井正一さん、簑島建司さん、織地 学さん、三好康太くん、兼子美奈子さんに深く感謝いたします。

2020年2月

石原 顕光

トコトンやさしい

エントロピーの本

第2版

目次

目次 CONTENTS

第1章 エントロピーって何だろう

第2章 エントロピーを学ぶ前にこれだけは知っておこう

第3章 いざエントロピーに挑戦！

第4章 身近な現象や技術をエントロピーで見ると

第5章 「エネルギー・環境」問題とエントロピー

第6章 エントロピーの秘密に迫る

【コラム】

第1章

エントロピーって何だろう

1 エントロピーで自然現象の本質をとらえる

いろんな分野で使われるエントロピー

みなさんは「エントロピー」という言葉を聞いたことがあるでしょうか。エントロピーという言葉は、もともと工学の分野からでてきた物理の概念でしたが、その後、環境問題の議論に用いられたり、経済分野や情報分野にも使われるようになっており、一般の啓蒙書もたくさん出版されています。

理工系の大学では、基礎科目の「熱力学」という科目で教えられます。「エントロピー」をかなりの人が聞いたり、学んだことがあるはずなのですが、わかったという実感をもっている人はとても少ないのではないでしょうか。ヨーロッパの学生が、エントロピーがどうしても理解できなくて『増えようと減ろうと勝手にしやがれエントロピー』と書いたという逸話も残されています。そのエントロピーという考え方を、この本ではトコトンやさしく、具体的な例を用いて、みなさんに理解していただくことを目的としています。

エントロピーはいろいろな分野で用いられていると言いましたが、この本では物理・化学で用いられるエントロピーについてのみ説明します。つまり、対象は自然現象です。

それでは、なぜエントロピーなどというものを考えるのでしょうか。それは、エントロピーが自然現象の深い本質をとらえているからなのです。

自然現象はいくつかの原理にしたがって起こっています。私たちはそのすべてを知ったわけではありませんが、人類は長い歴史を歩む中で、いろんなことを明らかにしてきました。

原理や本質というのも何か漠然としていてわかりにくいものですが、ここでは、いろんな自然現象に潜んでいる普遍的な性質と思っていただければよいでしょう。そして、エントロピーは、まさに、人類が長い時間をかけて見つけてきた自然現象に潜む本質の1つなのです。

要点BOX

- ●環境問題や経済・情報分野でも使われる
- ●本質とは、いろんな自然現象に潜んでいる普遍的な性質

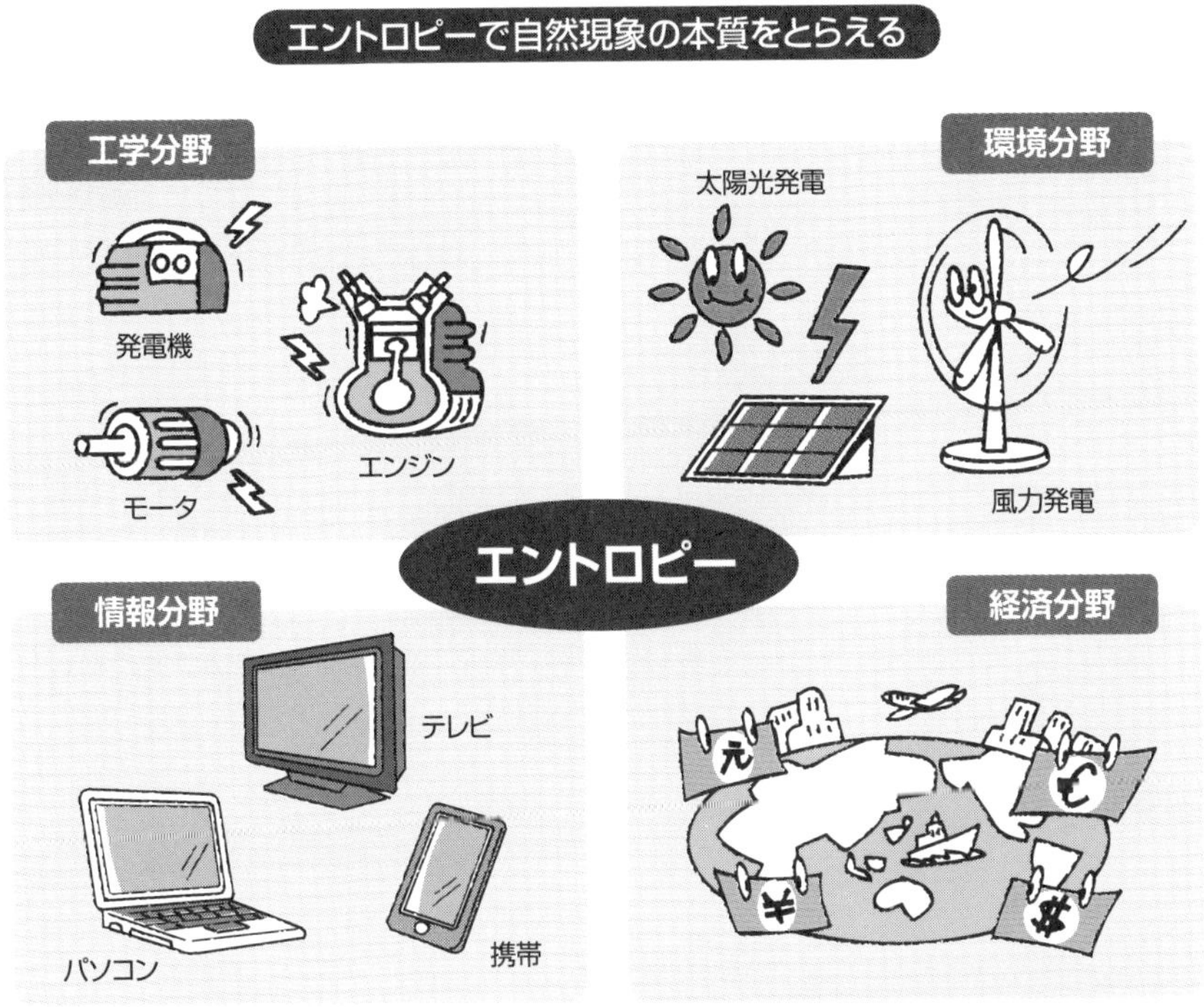

エントロピーで自然現象の本質をとらえる
工学分野
発電機
エンジン
モータ
環境分野
太陽光発電
風力発電
エントロピー
情報分野
テレビ
パソコン
携帯
経済分野
元
￥
＄

オーマー
ゴード
増えようと
減ろうと
勝手にしやがれ
エントロピー

この本では
トコトンやさしく楽しく
エントロピーを解説します
TON

2 本質をとらえて悟りを開くために

3つのステップで悟りは開ける

本質が普遍的な性質だとして、「本質をとらえる」とはどういうことなのでしょうか。

本質をとらえるのは、なにも科学者だけの専売特許ではありません。むしろ、東洋にはもっと古くから本質をとらえるためのプロセスを修行として体系付けてきた歴史があります。たとえば、禅もその1つです。禅というのは、問答や修行によって物事の本質をとらえ悟《さと》りを開くものと言ってよいでしょう。その悟りを開くまでに3段階あるそうです。

第1段階「山を見るに是れ山、水を見るに是れ水なりき」

第2段階「山を見るに是れ山にあらず、水を見るに是れ水にあらず」

第3段階「山を見るにただ是れ山、水を見るにただ是れ水なり」

第1段階は修行もしていない状態で、山を見たら山にしか見えないし、水を見たら水にしか見えないという、ごく普通の状態です。それが修行を積んでいくと、山を見てもそれは山に見えず、水を見てもそれは水に見えなくなってくると言います。この段階は、個々の山や水を普遍的な立場からとらえることができるという段階です。この普遍性が、本質と深く関わっていて、普遍的な立場から個々の現象をとらえることができる段階になります。そして、個々の現象は、それだけを見ればみんな個々バラバラですが、いったんその普遍性を身に付けたあとでは、現象の見方が異なるというのが、悟りを開いた第3段階なのです。

エントロピーは、普遍的な概念であり、個々の現象を注意深く見て、そこから人間が掬《すく》い出した本質なのです。いったんエントロピーのとらえ方を習得すれば、一見無関係な現象を統一的な観点からとらえることができ、どこが普遍的でどこが個別的なのか、それがわかるようになります。それが「本質をとらえる」ということではないでしょうか。

要点BOX

- ●エントロピーは、普遍的な概念
- ●普遍的な立場から個々の現象をとらえられるようになる

本質をとらえて悟りを開くために

3 エントロピーがとらえる本質とは

自然現象は「自然に」進んでいく

自然現象の本質は1つではありません。残念ながら人類はまだ、すべてをそれ1つでとらえられるような本質を見つけ出していません。それではエントロピーのとらえている本質とはいったい何でしょうか。次のような具体的な自然現象を考えてみましょう。

①コップにお湯を入れると、「自然に」冷めて周りの温度と同じになる。

②水に水性インクを一滴たらすと、「自然に」インクは広がっていく

③使い捨てカイロの袋を開けて空気に触れさせると、「自然に」発熱して温かくなり、最後は周りの温度と同じになる（使い捨てカイロの中の鉄粉が、空気中の酸素と反応して錆びる時に熱を出します）。

いずれも、身近に経験することだと思います。大切な点がいくつかあります。まずは～～線で示したように何かしら状況（条件といいます）を設定してあげると、「自然に」その後の変化が進んでいくということです。そして、みなさんは、その設定した条件を変えない以上、現象は一方向にのみ進み、決して逆方向に起こらないことを知っているはずです。

たとえば、冷めて周りの温度と同じになったコップの中の水が、「自然に」元のお湯のように熱くなることはありませんよね。いったん水に広がったインクが、「自然に」一カ所に集まって濃いインクになることはありませんね。使い捨てカイロがいったん使って冷たくなってしまったら、「自然に」また温まり、使えるようになることはないですね。これらの現象からわかることは、条件が設定されると、現象は「自然に」進んでいくということ、さらに、「自然に」元の状態に戻ることはないことです。

一方向にしか変化が進んでいかないので、このことを「変化には方向性がある」といいます。実は、この変化の方向性こそ、エントロピーがとらえている、自然現象の本質なのです。

要点BOX

- ●自然現象の変化には方向性がある
- ●変化の方向性こそエントロピーがとらえている本質

変化には方向性がある

「自然に」冷めていく
1滴の
水性インク
お椀の中の水
「自然に」
水性インクが広がって
水にうすく色がつく
ホカ ホカ
モミ
モミ
温かくなった
カイロ
「自然に」発熱し
温かくなる
冷たくなった
カイロ
条件を設定すると
自然に
変化が進んでいく
逆向きは起こらない
これがエントロピーと
関係あるんだね

4 ものは過去にこだわらない

過去に関係なく、変化は進む

③項で、「設定した条件を変えなければ、現象は一方向にしか進まない」と説明しました。これからこの方向性がエントロピーとどのように関係しているか見ていくのですが、その前に、条件を設定する時のことを考えておきましょう。

たとえば、コップにお湯を入れると、「自然に」冷めて周りの温度と同じになるといいました。そもそも、温かいお湯がコップに入っていたら、「自然に」冷めますよね。ですから、コップにお湯が入っていることが大切なのであって、それを誰がどのようにして行ったのかは、実は重要ではないのです。もし、あなたがコンロでヤカンを使ってお湯を沸かして、それをコップに入れてもいいです。また、コップに水を入れておいて、そのコップごと電子レンジで温めてお湯にして取り出すこともできます。

このように、「コップにお湯が入っている」という条件を作るには、一般にいろんな方法があります。でも、どのようにしてコップにお湯が入っているという条件を作ったにせよ、その後、「自然に」冷めて周りの温度と同じになるという現象は変わりません。つまり、コップの中のお湯は、自分が過去にどのように温められてコップの中にいるかということに関わりなく、冷めていくのです。ものは過去にこだわらないのです。

このように、ものは条件が設定されると、その条件がどのように設定されたかにかかわらず、「自然に」変化していきます。ですから、変化の方向性を考える時には、設定された条件はすでにあるものとして、その条件の元で、どのような変化が起こるかを考えることにしましょう。

ただし、「履歴現象（ヒステリシス）」といって、過去の影響を受ける現象もあります。たとえば、金属を磁石にくっつけると自分も磁力を帯びるようになります。でも、この本では履歴が残る現象は扱わないことにします。

要点BOX

- ●条件の設定の仕方は考えない
- ●条件の元でどんな変化が起こるかが大切
- ●ものは過去にこだわらない

どんな方法で温めてもお湯はお湯

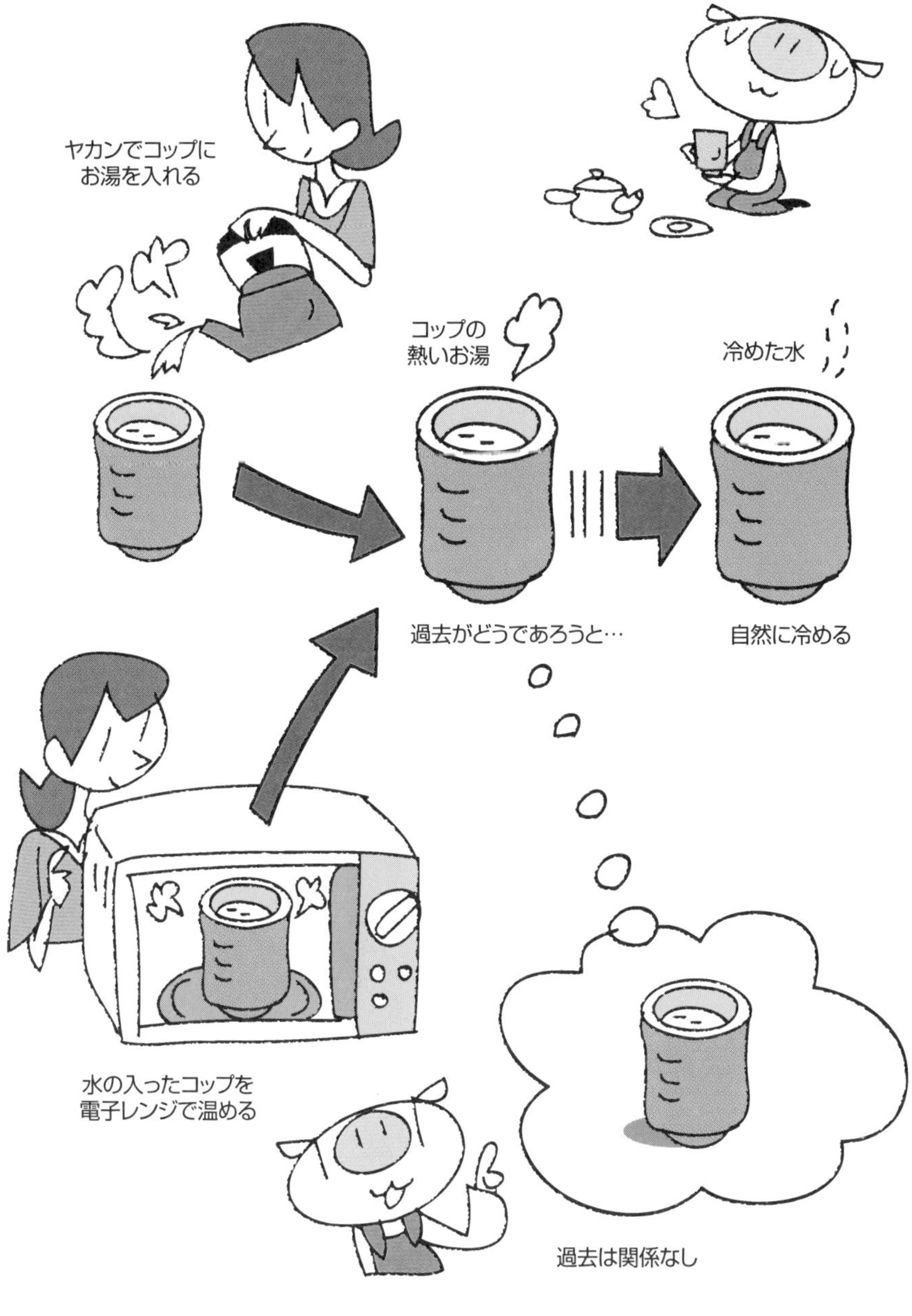
ヤカンでコップに
お湯を入れる
コップの
熱いお湯
冷めた水
過去がどうであろうと…
自然に冷める
水の入ったコップを
電子レンジで温める
過去は関係なし

5 エントロピーを一言で言うと

人類が見い出した偉大な経験則

エントロピーが何を表しているかというと、それは、自然現象は、ある与えられた条件のもとで一方向にしか進まないということです。これを、「ある条件のもとで自然に起こる変化は、全体のエントロピーが増大する方向にしか進まない」といいます。

実は、理由はわからないのですが、自然に起こる変化には方向性があります。そして、いったん自然に変化が起こってしまったら、すべてをまったく元の状態に戻すことはできないのです。これは、これまで人類が長期間経験してきた事実なのです。これを「経験則」といいます。いまだかつて誰も、いったん起こった自然な変化に対して、すべてを元の状態に戻した人はいないのです。

エントロピーを使うと、次のようにいえます。

①コップにお湯を入れると、「自然に」冷めて周りの温度と同じになるのは、その変化によって全体のエントロピーが増大するため。

②水に水性インクを一滴たらすと、「自然に」インクが広がっていくのは、その変化によって全体のエントロピーが増大するため。

③使い捨てカイロの袋を開けて空気に触れさせると、「自然に」発熱して温かくなり、最後は周りの温度と同じになるのは、その変化によって全体のエントロピーが増大するため。

つまり、すべての自発的な変化の進行は、全体のエントロピーが増大するために起こると表現しようということなのです。エントロピーとはこのような内容で、なんだか拍子抜けするくらいに簡単なことですね。

全体のエントロピーがなぜ増大するのかはわかりません。それは、なぜ自然に起こる変化に方向があるのかがわからないのと同じ理由です。

また「全体の」という表現が気になると思います。これはたとえばコップの中の水だけではなくて、周りも考えないといけないということを意味しています。

要点BOX

- ●なぜ変化に方向性があるのかは、わからない
- ●「自然の変化には方向性がある」ことを言い換えただけ

すべては全体のエントロピーが増大するから

6 エントロピーはなぜわからないと言われるのか

わからないことをわかろうとしない

エントロピーはわかりにくいといわれています。ですが、それは多分わからなければならないことと、わからなくてもよいことが混乱しているからなのです。

よくエントロピーがわからないという人が、「なぜエントロピーが増大するのかがわからない」と言います。自然現象が自発的に進行すると、その変化によって「全体のエントロピーが増大する」と言いますが、「なぜ全体のエントロピーが増大するのか、あるいは増大しなければならないのかがわからない」と言います。実は、それは、わからなくていいのです。自然現象に方向性があることは、経験的に誰もが知ってはいますが、それを証明した人はいません。だから、全体のエントロピーがなぜ増大するのかを論理的に証明できる人はいないのです（一応、第6章で挑戦しましょう）。

全体のエントロピーが増大するという内容は、「熱力学第二法則」と呼ばれています。法則というのは、論理的には証明されていません。物理の法則とは、経験的に間違いないと信じられていることで、論理的に別のことから証明されるわけではないのです。ですから、いくら「なぜ全体のエントロピーが増大するのか」を理解しようと思って、熱力学の教科書を読んで勉強しても無駄なのです。それは元々わからないので、熱力学の教科書にも書いてないのですから。

それから、物事の理解の仕方には、大きく二通りあります。たとえば、トンボを理解するのに、身体の構造や器官などがどうなっているかという「実体的に理解する方法」と、どこに棲んで何を食べ、周りの他の生物とどのような関係をもっているのかを「機能的に理解する方法」の2つです。私たちは原子や分子という実体に基づいて理解する化学を習ってきています。しかし、エントロピーは、後者で、その実体はわからなくてよくて、どのような性質をもっているのか、他の物理量とどのように関係しているのかがわかればそれでよいのです。

要点BOX

- 論理的に証明できないから法則
- 増大する理由は書いてない
- エントロピーの増大は「熱力学第二法則」

わかるためにわからなくていい

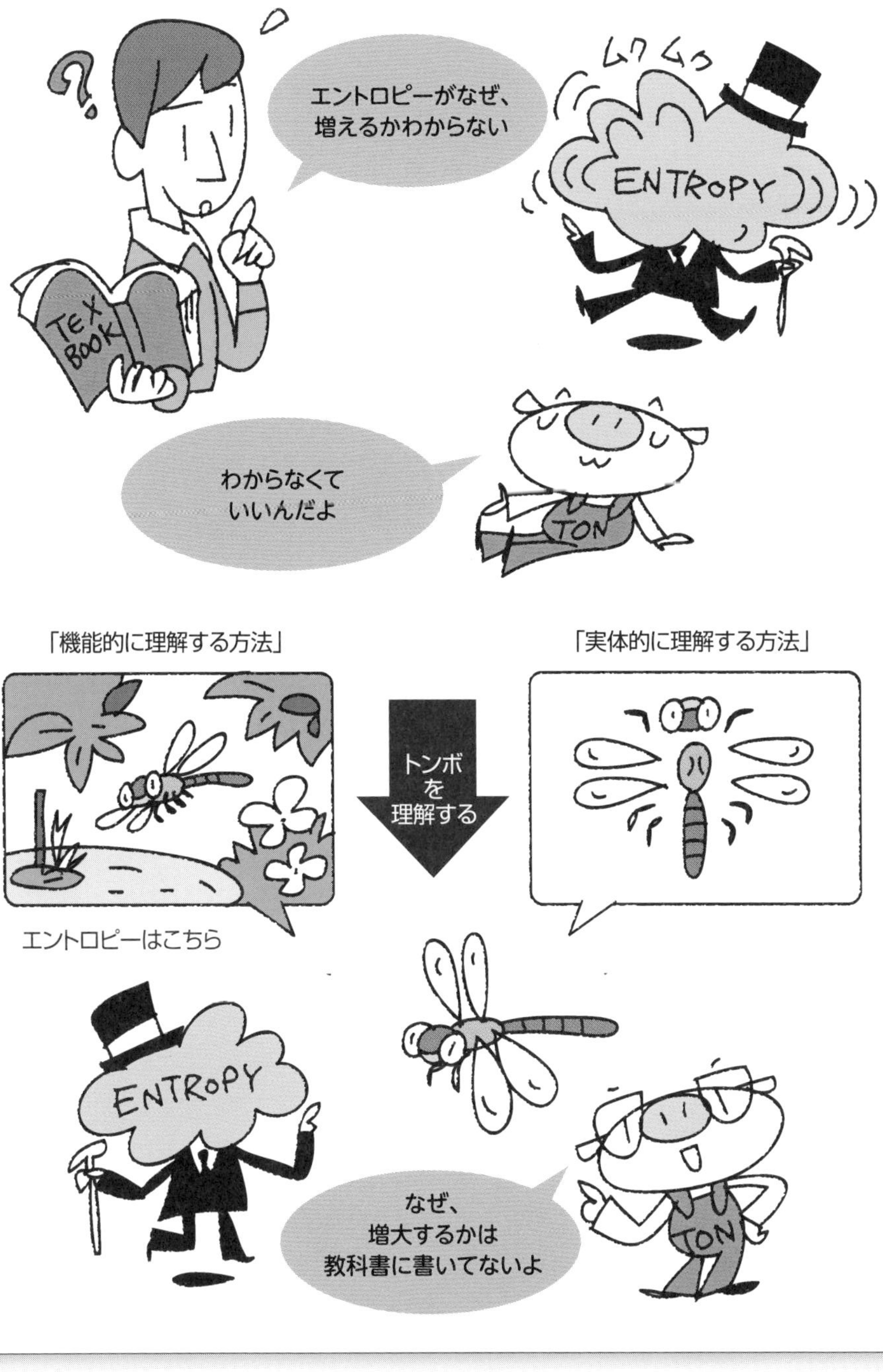

7 エントロピーでものの見方を変えよう

見えなかったものが見えてくる

エントロピーの考え方、ものの見方ができるようになると、変化の方向性に関して、これまで見えていなかったものが見えるようになってきます。また、変化の方向性だけではなく、その変化が起こった場合にはどの程度進むのか、変化に伴って何が起こるのかということもわかります。

たとえば、身近な自然現象として変化の方向性とそれに伴って起こることに関係したことを取り上げると

・周りよりも温かいものは自然に冷える
・床を転がっているボールは摩擦で止まる
・高いところから落とした物体は止まる
・動いている冷蔵庫の後ろは温かい
・冷房中のエアコンの室外機は温かい風を吐き出している
・鉄はだんだん錆びていく
・活動するために炭水化物をとる
・塩を水に入れてかき混ぜると溶ける
・都市ガスは燃えて熱を出す
・夏に打ち水をすると涼しくなる
・冬に窓で結露する
・芳香剤の匂いは広がっていく
・瞬間冷却剤は袋をやぶると冷たくなる
・携帯用カイロは袋から取り出し、もむと温かくなる
・凍結防止に融雪剤をまく
・はんだは低い温度で溶ける

などがあります。

これらは一見、お互いに無関係な個々バラバラの現象にみえませんか？　しかし、実は、これらの現象が起こりうることは、エントロピーを使って統一的に解釈することが可能です。なんだかドキドキしてくるでしょう。エントロピーは、私たちの身近で起こるいろんな現象に深くかかわっています。エントロピーを学習して、ものの見方を変えていきましょう。

要点BOX

●バラバラな現象が統一的に理解できる
●エントロピーは私たちの身近な現象に深くかかわっている

現象を本質からとらえよう

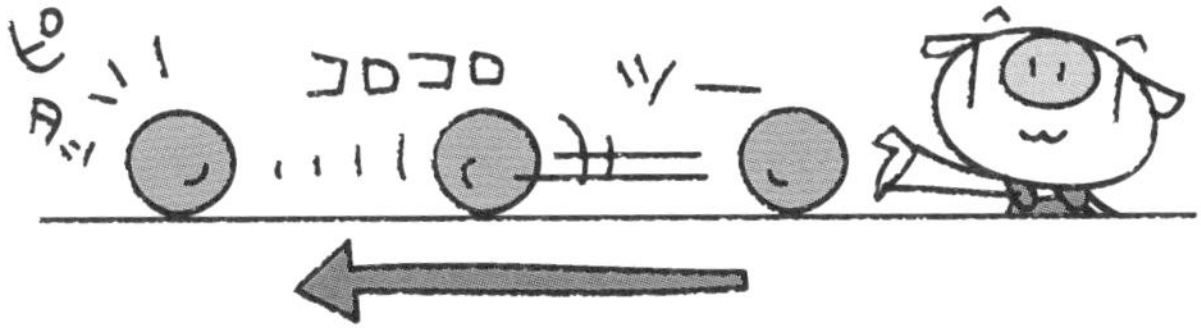

ピタッ
コロコロ
ツー

床を転がるボールは摩擦で止まる

温かいラーメンも自然に冷める

部屋

アチー
涼しいー

冷房中のエアコンは外に温かい風を吐き出す

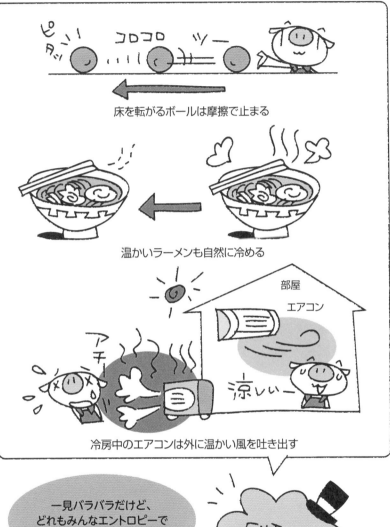

一見バラバラだけど、
どれもみんなエントロピーで
理解できるのだ
ENTROPY

8 エントロピーがわかると何がよいのか

エントロピーのご利益《りやく》

さて、エントロピーがわかると何がよいのでしょうか。自然現象の本質をとらえることができるのはすごいことだし、エントロピーという視点を入れることで見えないものが見えてくるのは素晴らしいことです。しかも、物事が深く理解できれば、それを役に立てることもできるはずです。

エントロピーは、いろんなレベルで役に立ちます。たとえば、大きくは、環境問題やエネルギー問題を考える時の拠り所になります。環境やエネルギー問題を考える時、私たちはともすれば道徳論や感情論に流されて議論してしまいます。もちろんそれも必要なことですが、科学的にはどう考えるべきなのかということをきちんと理解した上で、いろんな議論をすべきと思います。その科学的根拠を与えるのがエントロピーです。

また、現代も鉄器時代が続いているといわれるくらいに、われわれの文明は鉄によって支えられています。自動車、船、電車、橋、工作機械など、その50～80%は鉄を使った材料でできています。その鉄は、鉄鉱石という錆びた鉄から造られています。鉄は大気中では錆びているのが普通の状態です。それを鉄に戻すためにどうすればよいか、それはエントロピーを考えることでわかります。

つまり、ある条件のもとでは自然に起こらない、錆びた鉄を鉄に戻すという変化を起こさせたい時に、どのように条件を変えたらよいかはエントロピーを使えばわかるのです。

身近で使っている製品もエントロピーの考え方で作られています。冷蔵庫やエアコンは、放っておけば温度差がない所に、低い温度の空間を造っています。これは何もしなければ自然には起こらない変化です。それを起こすためにどのような工夫が必要なのかは、エントロピーによってわかります。

要点BOX

- ●環境問題やエネルギー問題の科学的根拠
- ●自然に起こらない変化を起こすために必要な条件がわかる

エントロピーは役に立つ

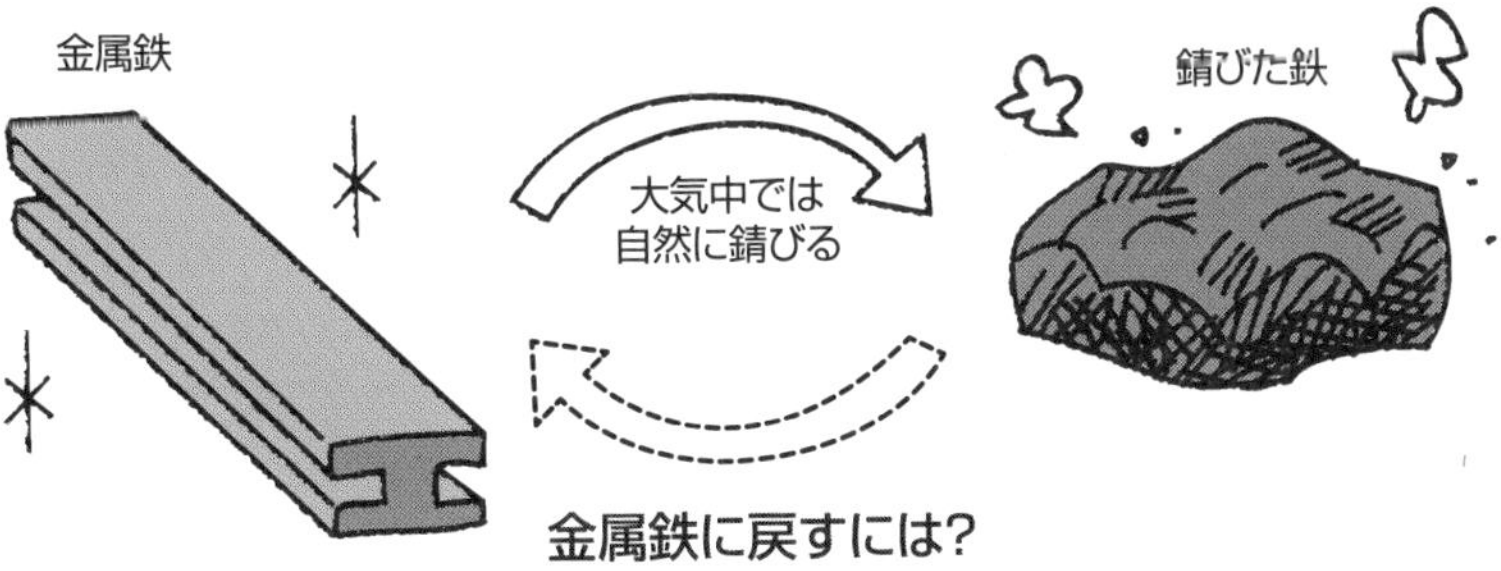

冷たいところを造り出すには?

9 エントロピーの弱点

速さは皆目見当もつかない

役に立つエントロピーですが、まったく歯が立たないこともあります。それは、「速さ」です。つまり、どちら向きにどの程度変化が起こるかは予測できるし、自然には起こらない変化を起こすためには、どのように条件を変えたらよいかはエントロピーを使えばわかります。

しかしそれがどのくらいの速さで起こるのか、すぐ起こるのか、100年くらいかかって起こるのか、については、まったく何も教えてくれません。そう、速さに関しては、エントロピーはまったく役に立ちません。

たとえば、木や紙は、大気中においておくと、本当は二酸化炭素CO_2と水H_2Oになるはずなのです。その方が全体のエントロピーが増えるからです。しかし、目の前で木や紙がドンドン二酸化炭素と水に変化していくのを見た人はいないでしょう。火をつけて温度を高くしたらメラメラと燃えて二酸化炭素と水になるのですが、本当は火などつけなくてもそうなるはずなのです。実際に起こらないのは、単に変化する速さがとても遅いからです。

そもそも、私たちの身体は炭素と水素と酸素がほとんどです。ですから、大気中では炭素と水素が酸素と反応して二酸化炭素と水になる方が全体のエントロピーは増えるのです。しかし、変化する速さがとても遅いので、それなりに生きていられるのです。

実際には、起こりうる変化の速さを調整して使っている場合がとても多いのです。燃料と呼ばれているものはだいたいそうです。そもそも、自然に変化して熱を出さないと燃料として働かないからです。ガソリン、都市ガス、灯油、木炭などはすべて熱を発しながら、二酸化炭素と水になる方が全体のエントロピーは増えるのです。ただ、火などつけなければ変化する速さが遅いので、大気中においても特に問題はないわけです。燃料として使いたい時に、きっかけを与えて変化を速めているのです。

要点BOX

- ●エントロピーは「速さ」に弱い
- ●生物は変化が遅いから生きていられる
- ●使いたい時に、きっかけを与えて変化を速める

エントロピーは速さが苦手

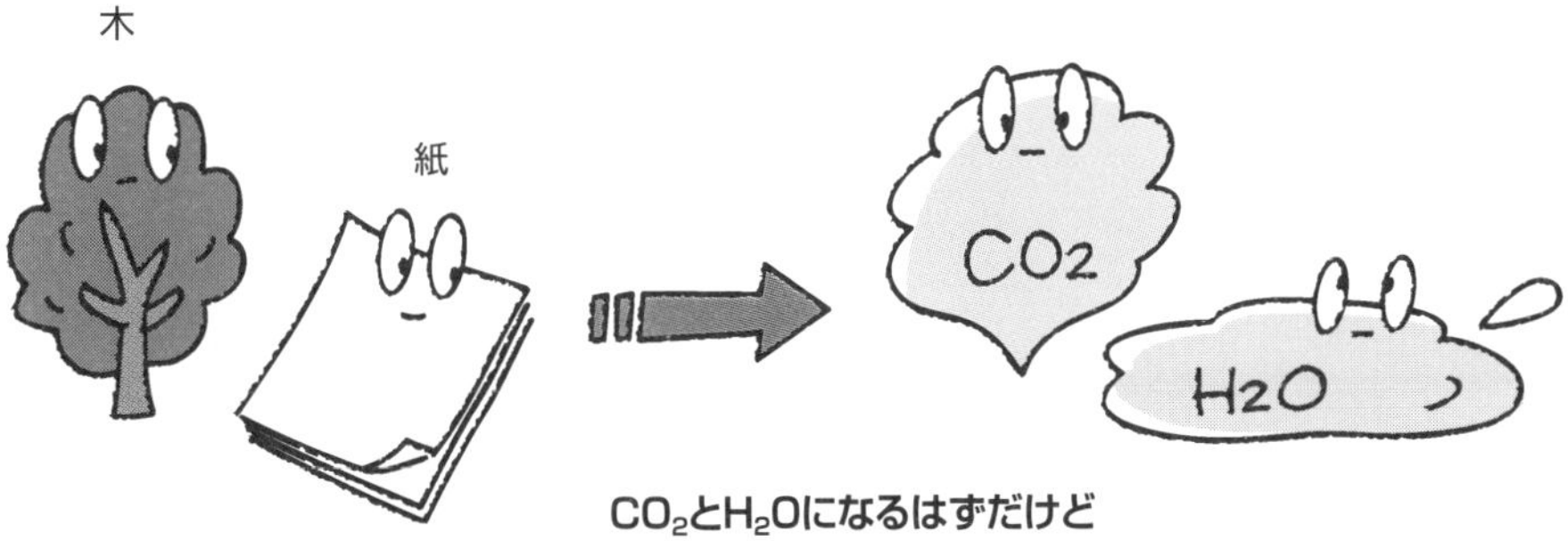

CO_2とH_2Oになるはずだけど

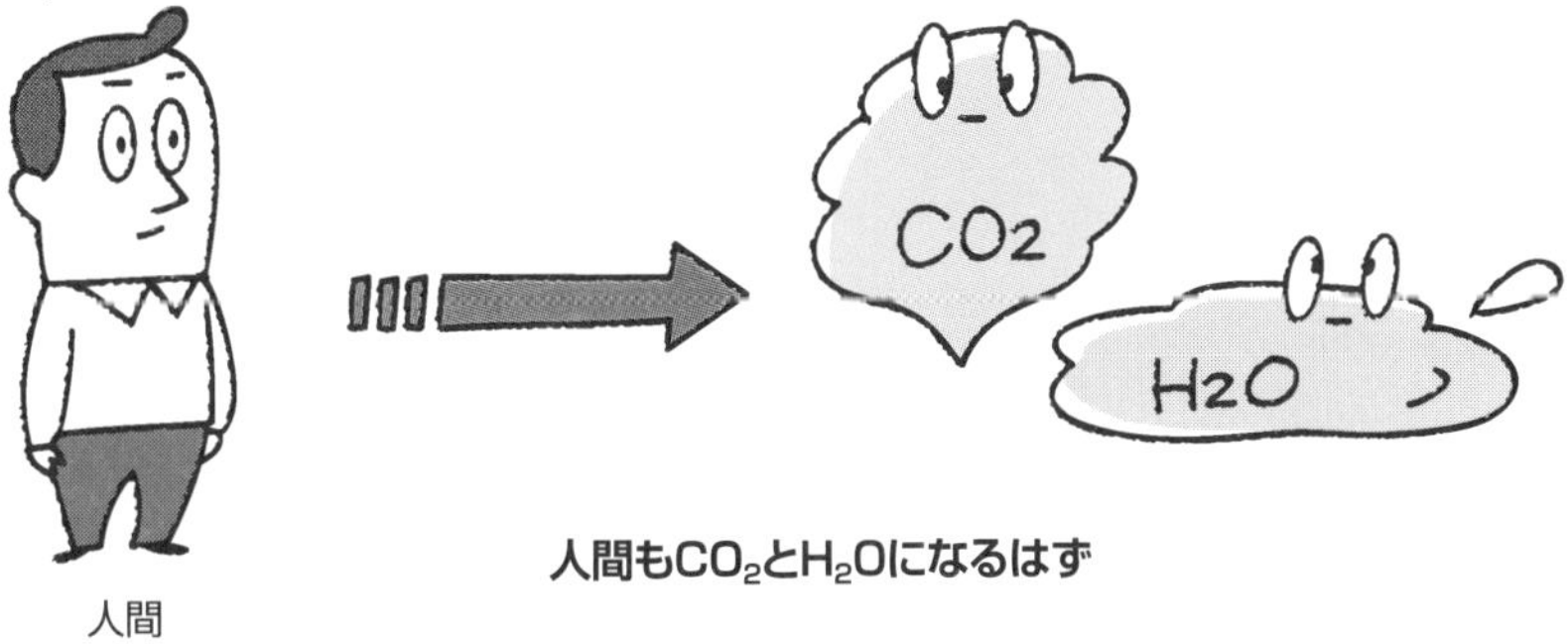

人間もCO_2とH_2Oになるはず

どのくらいの速さで起こるのか?

Column

エントロピーを見つけたのは誰？

エントロピーという言葉は、1865年にドイツの物理学者ルドルフ・クラウジウス（1822-1888年）が命名しました。彼は「変化」の意味をもつギリシャ語「トロピー」に、「中へ」という意味を表す接頭語「エン」をつけて、新しく「エントロピー」という用語を作りました。彼は、熱の特殊性に注目し、変化の方向性を定める物理量を見つけ出したのです。

しかし、科学の発展というのは、ただ一人で行われるものではありません。脈々とつながる長い流れの中で、新たな発見は生まれてくるのです。そういう意味で、クラウジウスに先立つフランスのニコラ・レオナール・サディ・カルノー（1796-1832年）を忘れることはできません。彼は、当時まだ信じられていた熱量保存則を打ち破り、エネルギー保存則の考えに達していました。そして、熱と仕事の関係に注目し、ほぼ独力でエントロピーの考えに到達しそうでした。しかし、36歳の時にコレラに感染して死亡してしまったのです。カルノーのすごいところは、熱機関の効率というきわめて実用的・工学的な興味を、純粋科学の域にまで到達させて、その普遍性を追い求めた点にあります。それがクラウジウスのエントロピーの発見につながったのです。また、その後、1877年にボルツマンがミクロな性質とエントロピーを結びつける式を提案し、エントロピーは新たな観点から解釈されることになったのです。

ルドルフ・クラウジウス

第2章

エントロピーを学ぶ前に
これだけは知っておこう

10 「物質は無くならない」という法則

まず質量保存の法則

エントロピーを考える前に理解しておく必要のある法則がいくつかあります。それは「質量保存の法則」と「エネルギー保存の法則」です。これらの法則は、エントロピーの法則とは関係なく、成り立つものです。自然現象は、いくつかの独立した法則のもとで起こります。それぞれの法則はすべて満たさないといけません。ここではまず、「質量保存の法則」を理解しておきましょう。

質量保存の法則は別名、「物質不滅の法則」と呼ばれています。こちらのほうが直観的にわかりやすいかもしれませんね。要するに、その名のとおり「物質は無くならない」という法則です。

たとえば、紙が燃えると確実に軽くなります。あるいは、飲みかけのお茶やコーヒーを少しコップの中に残しておくと、いつの間にか無くなっています。夏に冷凍庫の製氷室に造っておいた氷は、そのまま放っておくと、冬には小さくなって無くなっていきます。

このように、変化が起こると物が無くなっているように思えることもあります。しかし、紙が燃えて軽くなったのは、紙を構成していた元素である炭素や水素が空気中の酸素と反応し、二酸化炭素や水になって空気中に飛んでいったためです。コップの中の水分も製氷室の氷も、蒸発あるいは気化して水蒸気になって飛んでいってしまったので、無くなったように見えるのです。

このように、化学反応や変化の前後で、それに関与する元素の種類と、それぞれの量は変化しないということがわかっています。これが「質量保存の法則」、あるいは「物質不滅の法則」です。

核分裂や核融合などの核反応は、実は例外になりますが、これらは身近な現象ではないので、本書では議論の対象としません。私たちの身の周りで起こる変化に関しては、この法則は必ず成り立っていると考えていただいて結構です。

要点BOX

- 自然現象はいくつかの法則のもとで起こる
- 「質量保存の法則」は、「物質不滅の法則」とも言う

自然現象は3つの法則の元で起こる

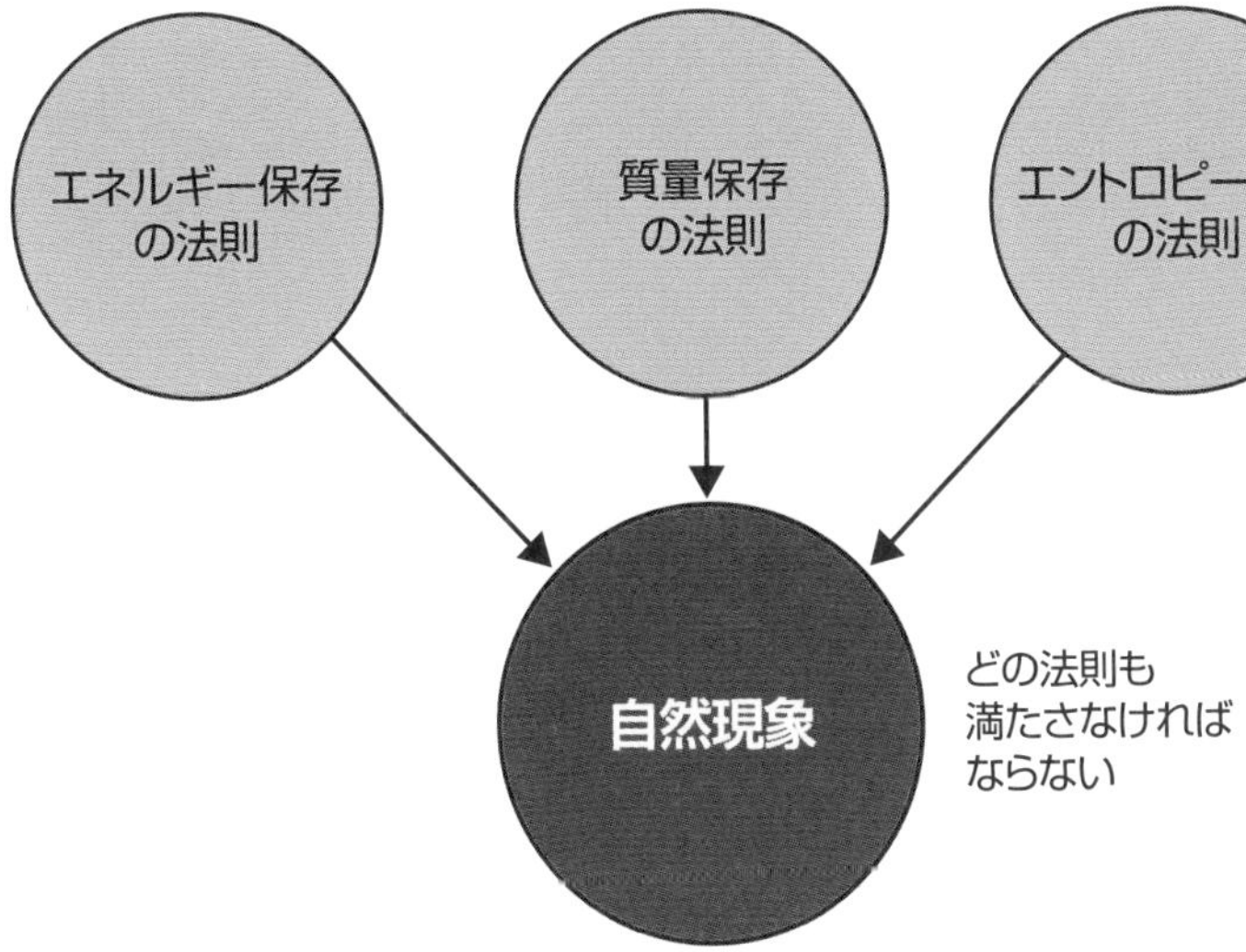

質量保存の法則

11 エネルギーって、なかなか難しい概念

仕事をする潜在的能力がエネルギー

エネルギーを理解しておきましょう。このエネルギーというのは、なかなか難しい概念です。日常的にもエネルギーという言葉はよく使われています。たとえば「あの人はエネルギッシュな人だ」とか言いますね。日常会話は言葉を厳密に定義して使っているわけではないので、おそらく活動的な人という感じでしょう。

エネルギーとは、物理的には「仕事をすることのできる潜在的能力」と厳密に定義されています。厳密に定義されている割に「潜在的」とか「能力」とか、なんともわかりにくい、漠然とした定義のように思えませんか。ここでは1つずつ解説していきましょう。

まず、「仕事」についてです。日常会話では、「仕事しなさい」と言われたら、机に向かって事務作業をすることもありますが、それは物理的には仕事をしていることになりません。物理でいう仕事とは、物体に力を加えて、力を加えた方向にその物体を動かした時に仕事をしたと言います。そして加えた仕事が大きいほど、その方向に動いた距離が長いほどたくさん仕事をしたとします。つまり、

（物理の仕事）＝（力）×（距離）

となります。ここで大切なことは、この式の中の力は物体が移動した方向にかかっている力のみを考えるということです。たとえば、荷物を手に持って、遠くまで歩いて行ったとします。荷物は持ち上げられたまま、地面からほぼ同じ高さで遠くまで移動することになります。けれども、力は荷物を持ち上げる方向にかかっていて、移動する方向にはかかっていません。したがって、いくら遠くまで歩いて疲れても、物理的には荷物に対して仕事はしていないことになります。つまり、人間の感覚として仕事をしたことと、物理的に仕事をすることとはまったく別物なのです。

また、仕事は量として測れます。約102グラム（g）のコンビニのおにぎり1つを1メートル（m）の高さに持ち上げると1ジュール（J）という仕事量になります。

要点BOX

- ●仕事は物体に力を加えて移動させること
- ●人間の感覚と、物理的に仕事をすることとはまったく別

物体が動かないと「仕事」にならない

物体に「力」を加えて、その方向に動いたら「仕事」

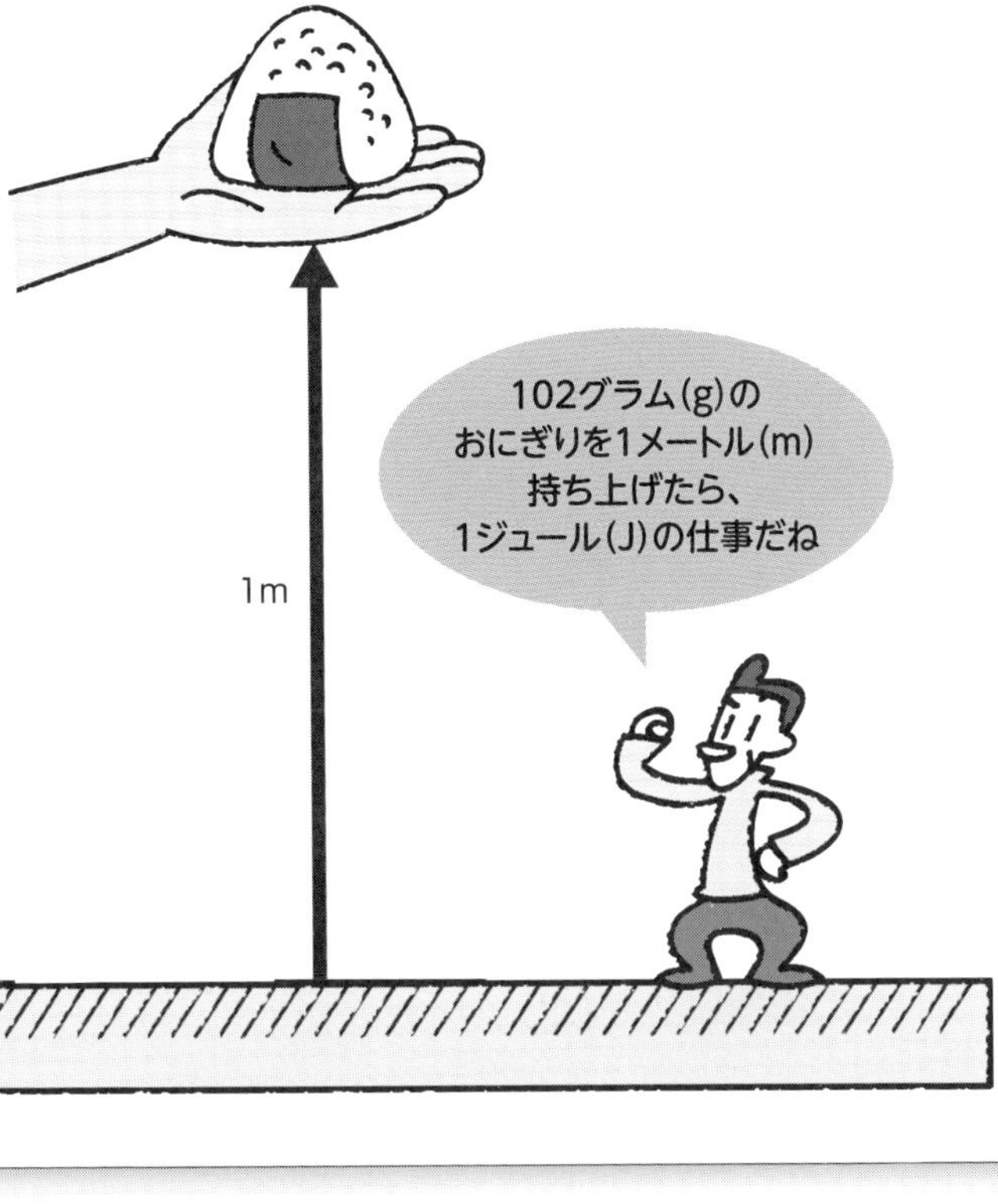

12 潜在的ってどういうこと？

どんなエネルギーがあるのだろう

仕事をきちんと表現すると、結局、エネルギーとは、物体に力を作用させて、その物体を動かすことのできる潜在的能力ということになります。次の問題は「潜在的能力」です。

潜在的能力というのは、特別な用語ではなくて、「やろうと思えばできる」という程度の意味です。ということは逆に言うと、「やろうと思わなければできなくてよい」ということです。つまり、エネルギーとは、やろうと思えば、物体に力を加えて動かすことができるけれども、やろうと思わなければ物体を動かさなくてもよいということです。ただ、そもそもエネルギーとは、物理的概念ですから、やろうと思うとか、思わないとか、意思があるわけではありません。むしろ、人間が工夫をしてなんとか物体を動かすことができればそれはエネルギーだと見なしてよいということです。

さてそれでは、どんなエネルギーがあるのか調べていきましょう。高校の物理で習う「運動エネルギー」と「ポテンシャルエネルギー」がありますね。そもそもエネルギーと付いていることからわかるように、これらは物体を動かすことができます。運動している物体は、他の物体にぶつかるとその物体を動かすことができますから、運動はエネルギーです。これも壁にぶつかると自分が止まってしまって、何も動かさないことになりますが、ぶつかって動くような物体にうまくぶつけてやると動きますね。うまくぶつけてやるのは人間の工夫です。

また、地球上のように、重力のかかっている場所で高い所に持ち上げた物体は、重力によって落下し運動するようになります。その運動を使って、他の物体にぶつけて動かすことができます。つまり、仕事をすることができます。ですから、高いところの物体はエネルギーをもっていると言えるのですが、それを「ポテンシャルエネルギー」と呼んでいます。

要点BOX

- 潜在的能力はやろうと思えばできるということ
- 人間が工夫をすればよい
- 運動エネルギーとポテンシャルエネルギー

エネルギーって何だろう

物体を動かせたら、それはエネルギー

運動エネルギー

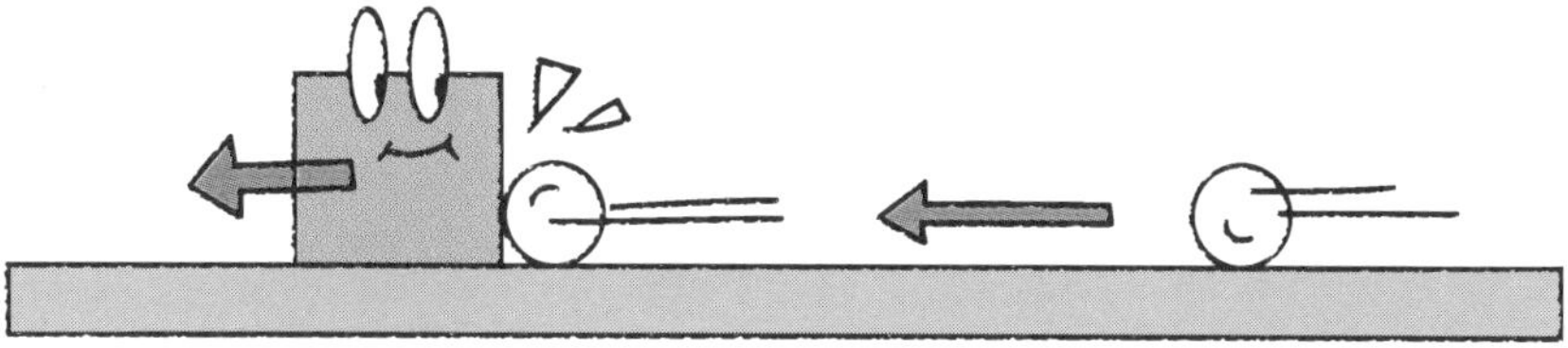

ポテンシャルエネルギー

13 熱も電気もエネルギー

物質がもつ化学エネルギー

他にどのようなエネルギーがあるでしょうか。次は電気です。電気そのものでは物体を動かすことは難しいですね。しかし、われわれが工夫して、電気を流してモータを回せば、立派に物体を動かすことができます。したがって、電気はやろうと思えば物体を動かすことができるので、立派なエネルギーであって、これを「電気エネルギー」と言います。

次に熱を考えてみましょう。熱そのものが物体を動かすこともイメージしにくいですね。でも、われわれが工夫をして、たとえばヤカンの水に熱を加えて蒸発させて、そのヤカンの口からでる蒸気を物体に当てて動かすことができます。この場合は、実際に物体を動かしているのは蒸気ですが、そのもとは熱です。つまり、熱も立派な「熱エネルギー」です。

電池もモータにつなぐと物体を動かすことができます。電池は中で化学反応を起こしています。つまり、化学反応によって物体を動かすことができますが、それはもともと反応に関与する物質がもっていたと考えて「化学エネルギー」と呼びます。車はガソリンを燃料として動いていますが、まさにガソリンという物質の化学エネルギーを利用しているのです。

他には、太陽電池などでわかると思いますが「光エネルギー」があります。また、核分裂や核融合など核反応は莫大な熱を放出します。この熱は、工夫をすれば物体を動かすことができるので、そのもととなっている核反応も立派なエネルギーです。これを「核エネルギー」あるいは「原子力エネルギー」と呼びます。

このようにエネルギーとして、ポテンシャルエネルギー・運動エネルギー・電気エネルギー・熱エネルギー・化学エネルギー・光エネルギー・核エネルギーがあることがわかります。つまり、エネルギーにはいくつかの種類があるということです。

これらの中で、核エネルギー以外が身近なエネルギーと言ってよいでしょう。

要点BOX

- ●エネルギーには種類がある
- ●身近なエネルギーは6種類
- ●核エネルギー以外が身近なエネルギー

エネルギーにはいろいろある

電気エネルギー

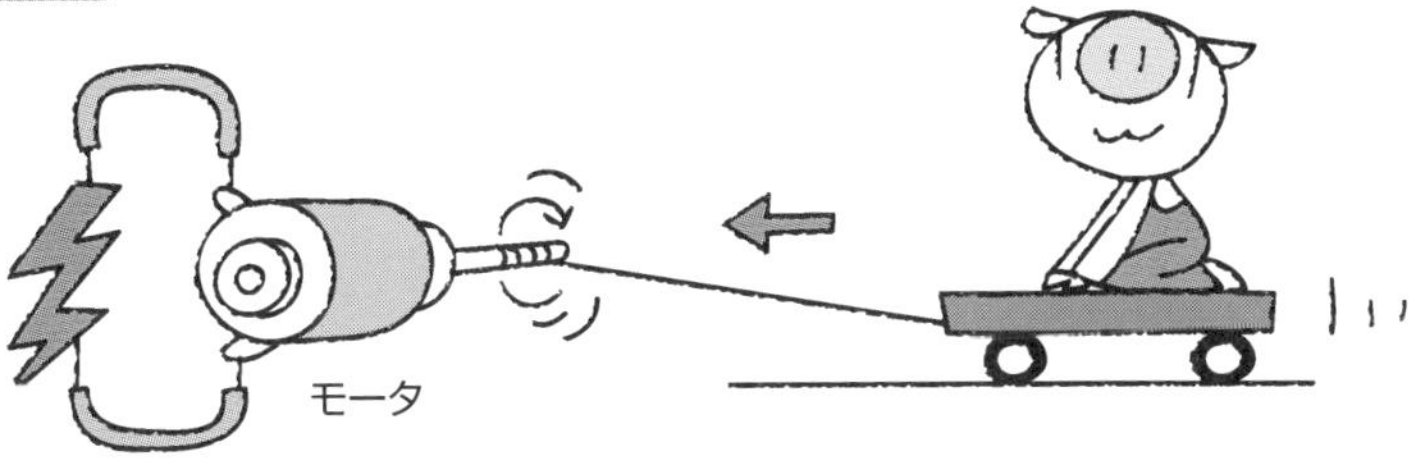

熱エネルギー

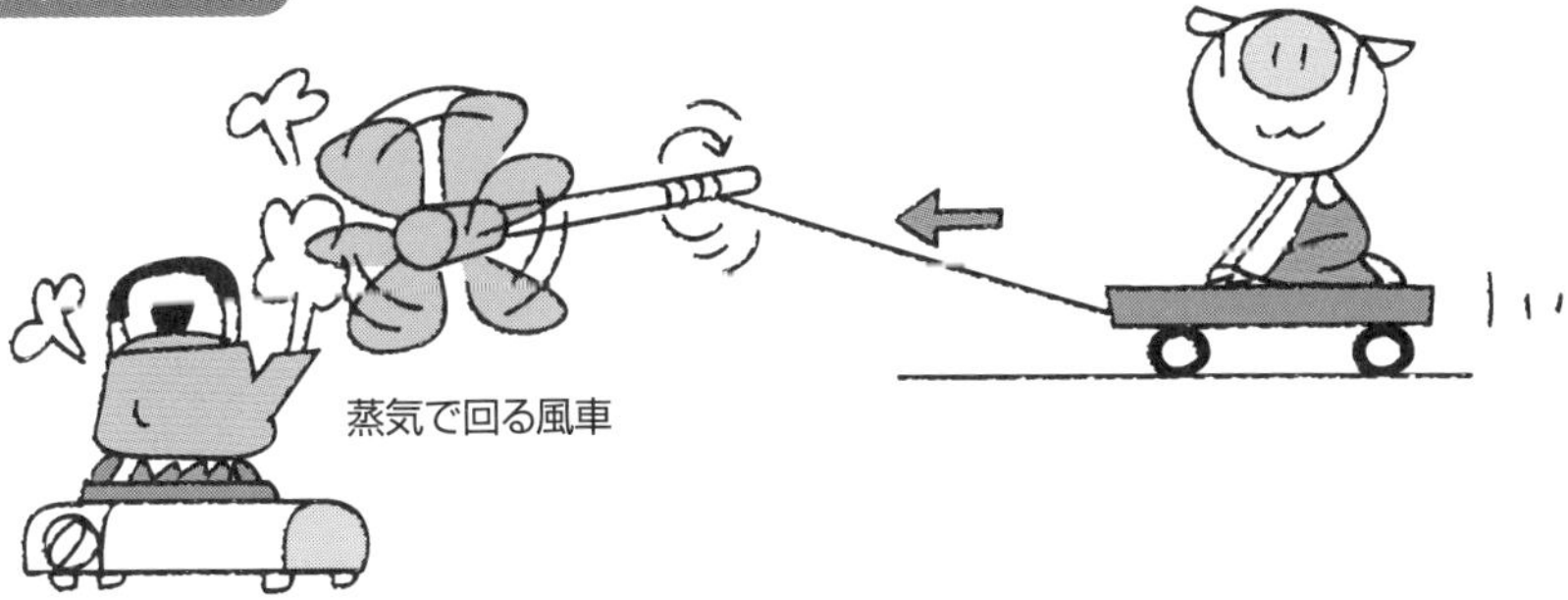

化学エネルギー

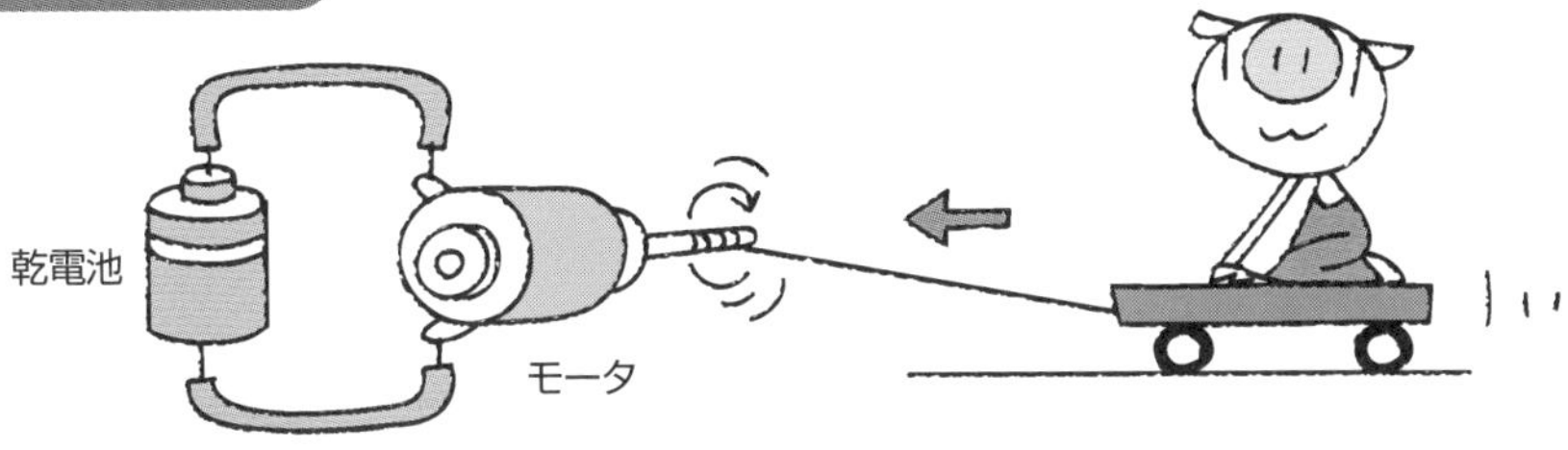

光エネルギー

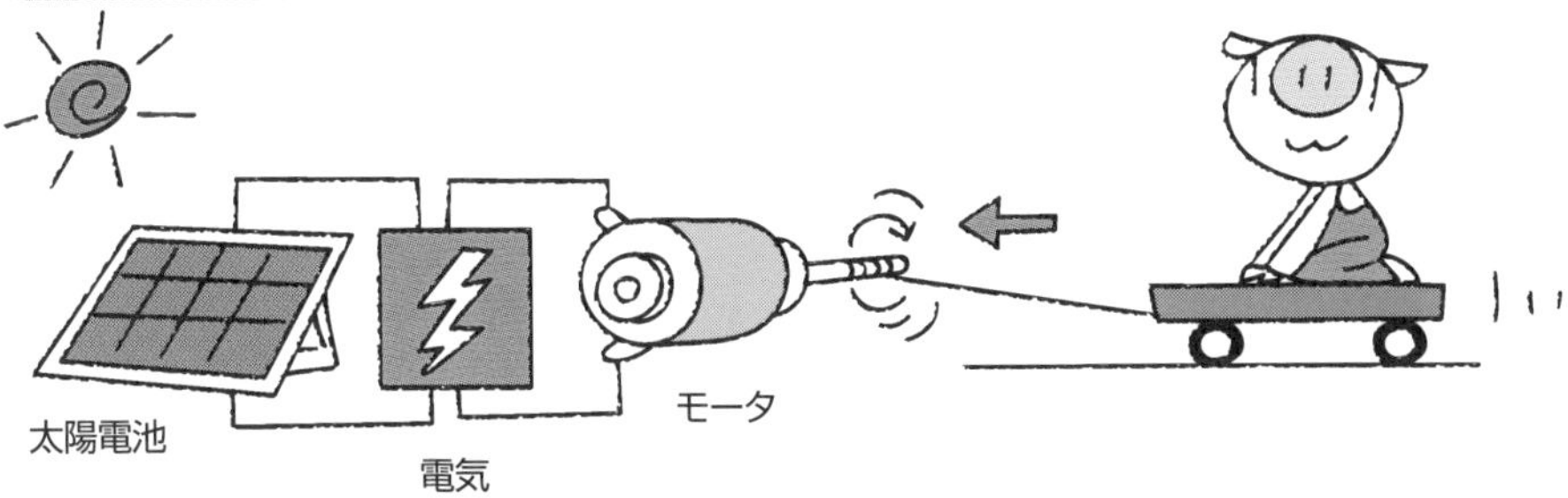

14 エネルギーは形を変えてどんどん変化する

太陽光の光エネルギーが変化する

　エネルギーには、いくつかの種類があることがわかりました。これは、仕事をする能力はいろんな形態に姿を換えて、自然現象の中に存在しているということですね。自然現象を見ていてわかることは、エネルギーはどんどん形態を変えていくということでしょう。

　太陽から地球に太陽光が届きます。これは地球が、太陽から光エネルギーを受け取っているということです。その太陽光の光エネルギーは、地表に到達して、陸地や海洋を温めます。つまり光エネルギーが熱エネルギーに換わったのです。陸地では温まった空気は軽くなるため上昇し、風を引き起こします。熱エネルギーが大気の運動エネルギーに換わったのです。この運動エネルギーも摩擦によってどんどん熱エネルギーに換わります。

　一方、海洋では温められて水蒸気が発生し、これも大気中を上昇していきます。これは熱エネルギーが化学エネルギーに換わり、さらに運動エネルギーになったわけです。水蒸気はどんどん冷えていき、大気上空で熱を吐き出しながら水に換わります。それが集まって雨になってまた地表に戻ってきます。水になる時に化学エネルギーの熱エネルギーへの変換が起こっています。このようにして、大気循環と水循環は引き起こされています。

　一方、太陽光エネルギーは地表を温めるばかりではありません。植物は光合成により、二酸化炭素と水から酸素とブドウ糖を造ります。これは光エネルギーを化学エネルギーに換えたことになります。植物の合成したブドウ糖を、動物は文字どおりエネルギー源として利用して、生命活動を行います。生命活動によって化学エネルギーは、筋肉の運動エネルギーと体温を保つための熱エネルギーに換わっています。このように太陽光からの光エネルギーは運動エネルギーや熱エネルギー、化学エネルギーに形を変化させているのです。

要点BOX

- 大気の運動や水循環もエネルギーの形態変化
- 光合成は光エネルギーを化学エネルギーに換える

形態を変化させるエネルギー

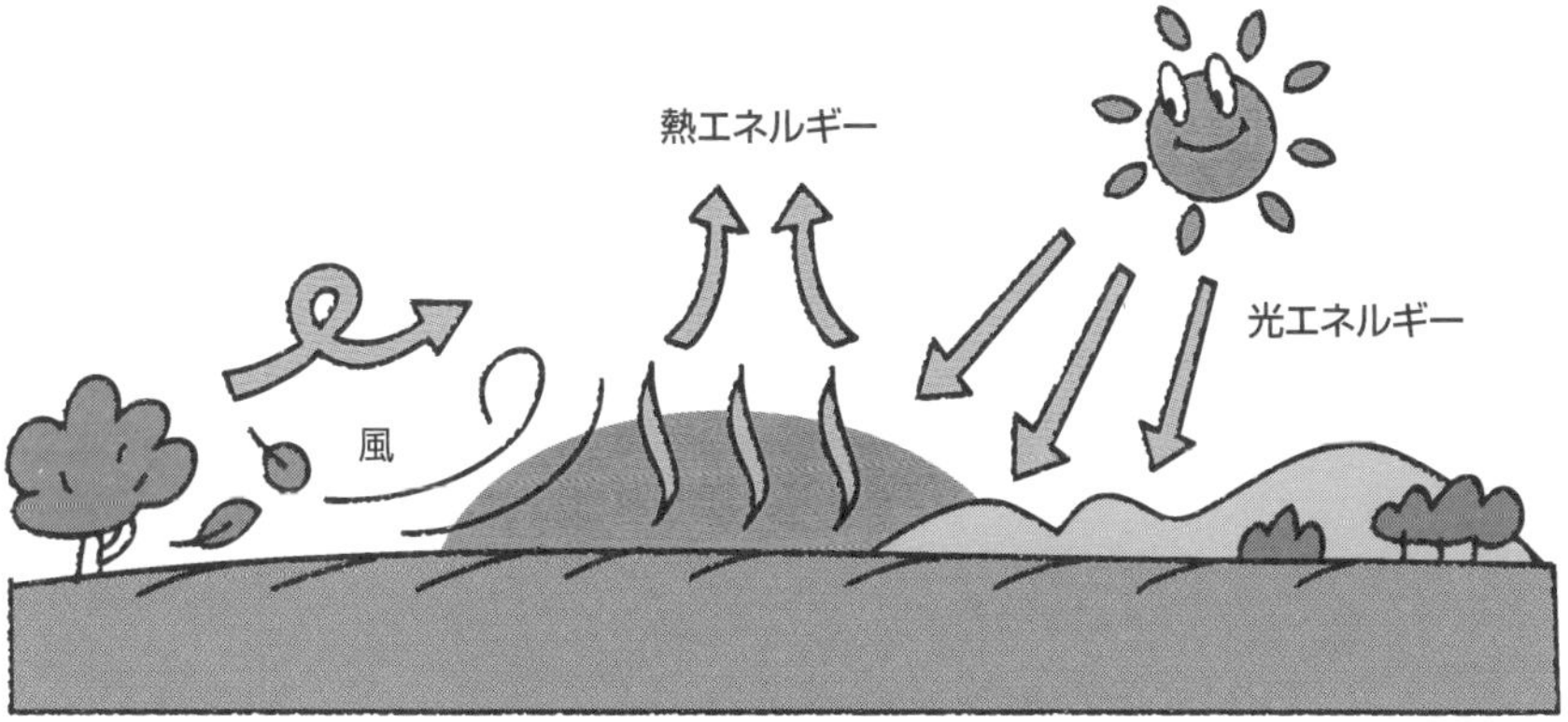

地面が温まって大気循環が起こる

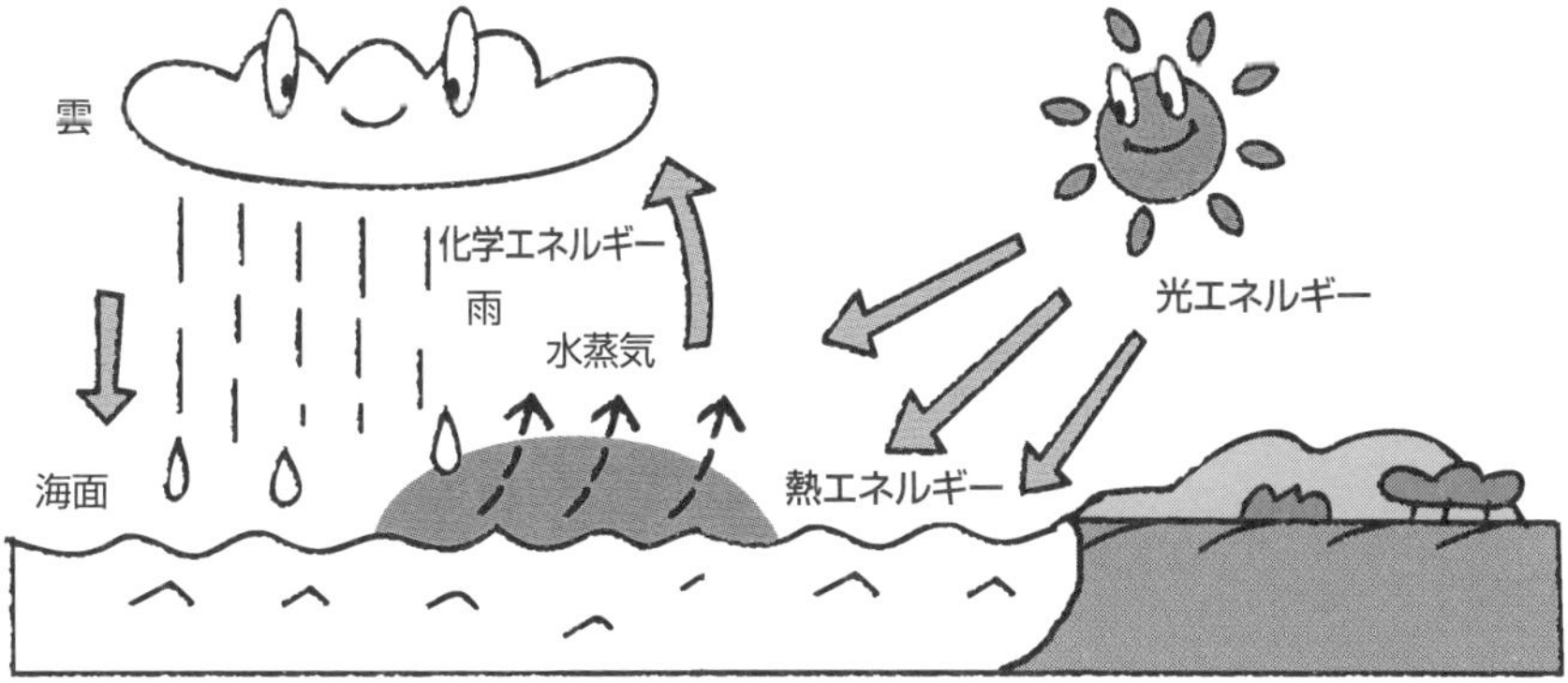

海面から水が蒸発して水循環が起こる

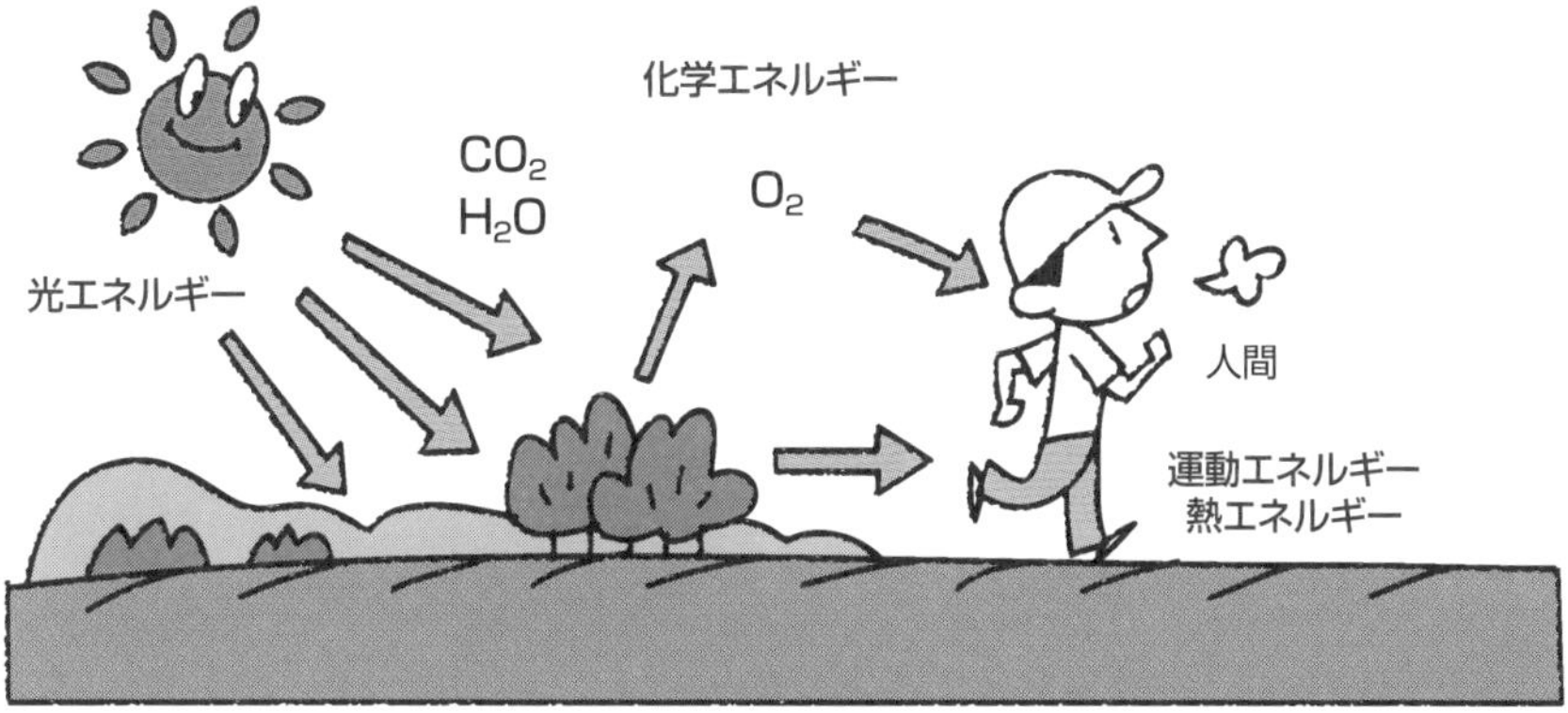

私たちの活動も太陽光のおかげ

15 人間はエネルギーの形を変えて使いやすいようにできる

住みよい世界へ

エネルギーの形態が変化していくのは何も天然の現象だけではありません。むしろ、人間は積極的にエネルギーを変換させて、自分たちの住みやすい世界を作ってきたといってよいでしょう。

たとえば、今、家で掃除機をかけたとします。掃除機は吸引力で物質に力を作用させて吸い込みますから、仕事をする機械です。掃除機の吸引力は、中に入っているファンが回転して空気を取り込んで（ついでにゴミも取り込んで）後ろから吐き出すことで生まれています。つまり、ファンの回転という運動エネルギーが仕事をしているわけです。ファンはモータによって回転しています。そのため元をたどれば、「ファンの運動エネルギー」→「モータの運動エネルギー」です。

そのモータはコンセントから電気をもらって回転しています。その電気は電線を通ってはるか遠くの発電所からきています。たとえば、火力発電所では、巨大な発電機を使って電気を作っています。発電機の原理は、自転車の発電機と同じで、コイル（電線をくるくる巻いたもの）のそばで磁石を動かすと電気が生まれる「電磁誘導」という原理を使って発電します。

発電所の発電機では、コイルの中を磁石が回っています。磁石は蒸気タービン（羽根車をたくさんつけた、蒸気で回る回転装置）の回転軸と直結していて、蒸気タービンが回転することで磁石が回ります。蒸気タービンを回転させるために、石油を燃やして、水を加熱して蒸発させています。その蒸気を一方向に流して羽根車を回します。

火力発電所は、石油の化学エネルギーを使って（石油を燃やして）熱エネルギーを発生させ、それによって蒸気を作り出し、蒸気の運動エネルギーを利用してタービンを回し、発電機によってそれを電気エネルギーに換えています。

つまり、仕事をする能力を、どんどん形を変えて人間が使いやすいようにしているのです。

要点BOX

- ●形を変えるのが人間の工夫
- ●火力発電所は化学エネルギーを電気エネルギーに変換する

エネルギーの形を変える

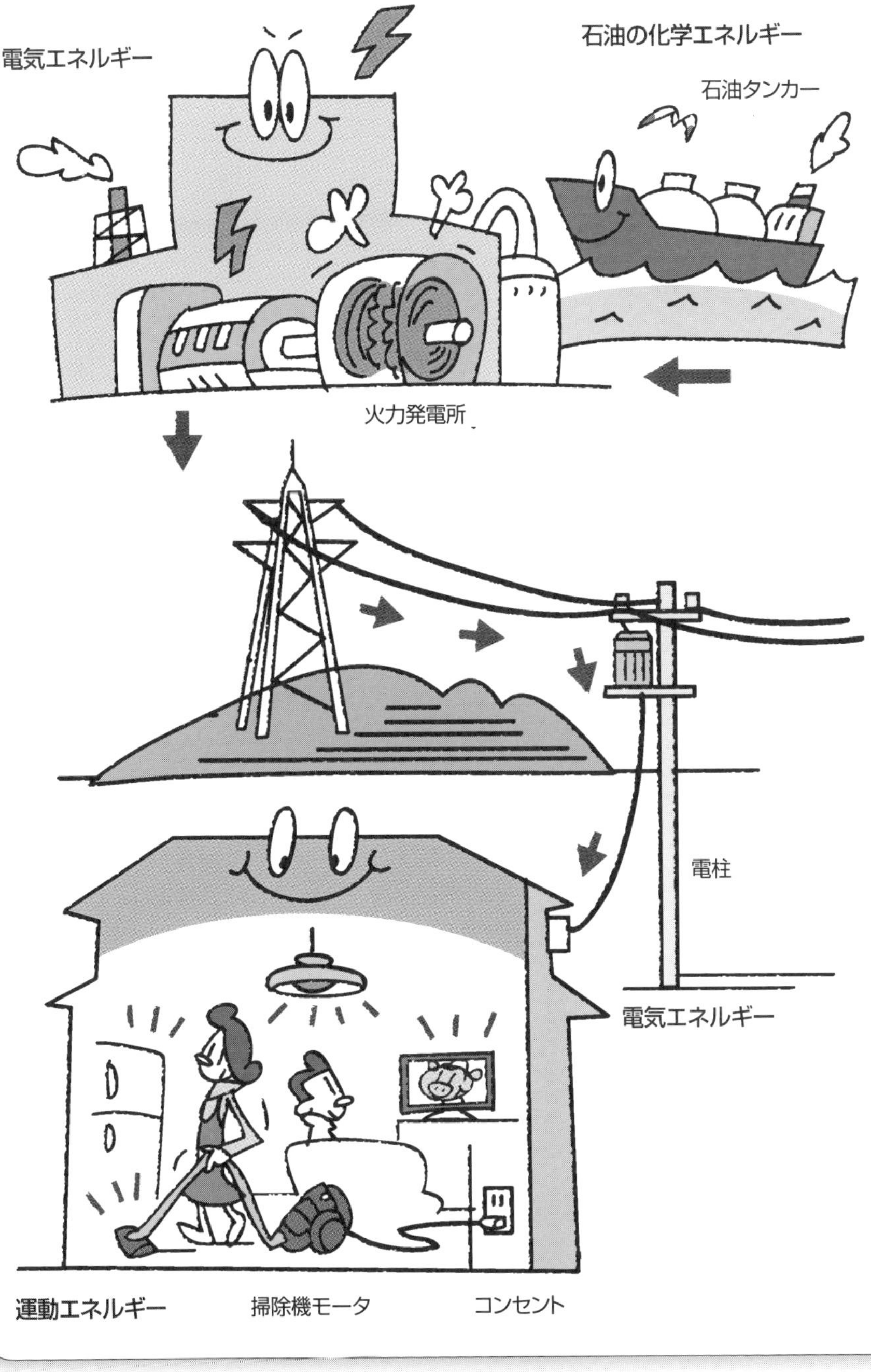

16 エネルギーは無くならない

「エネルギー保存の法則」

エネルギーにはとても重要な性質があります。それは、決して無くならないということです。エネルギーはそもそも仕事をする潜在的な能力ですが、その潜在的な能力は無くならないということです。これを「エネルギー保存の法則」と言います。

身近には、一見するとエネルギーが無くなっているように思える現象もあります。たとえば、コロコロ転がっている球は運動エネルギーをもっていますが、徐々にスピードを落としたり、ぶつかったりして止まります。止まると運動エネルギーは無くなっています。無くなった運動エネルギーは、摩擦によって熱エネルギーに換わっているのです。球が転がる程度では、運動エネルギーがそんなに大きくないので、熱エネルギーも大きくなくて熱くは感じませんが、立派に熱エネルギーになっています。

扇風機や掃除機も電気エネルギーを使って、モータを回転させて運動エネルギーに換えていますが、それはどこへいったのでしょうか。それも熱エネルギーに換わったのです。

ガソリン車はどうでしょうか。ガソリンという燃料のもつ化学エネルギーをエンジンで燃焼させて熱エネルギーに換え、それを内燃機関と呼ばれる機構を用いて、回転の運動エネルギーに変換し、車輪を回して移動しています。移動したあとは、ガソリンは無くなって車は止まるので、運動エネルギーもありません。これも最終的には、使った化学エネルギーは熱エネルギーに換わったのです。

このように一見すると、無くなっているように見えますが、エネルギーは無くならず、形を変えているだけであることがわかっていただけるでしょう。このことを「熱力学第一法則」あるいは「エネルギー保存の法則」といいます。

これも法則なので、なぜエネルギーが無くならないのかはわかりません。

要点BOX

- ●エネルギーが無くなっているように思える現象
- ●エネルギーは無くならず、形を変えているだけ
- ●「熱力学第一法則」

エネルギーは形を変えて保存される

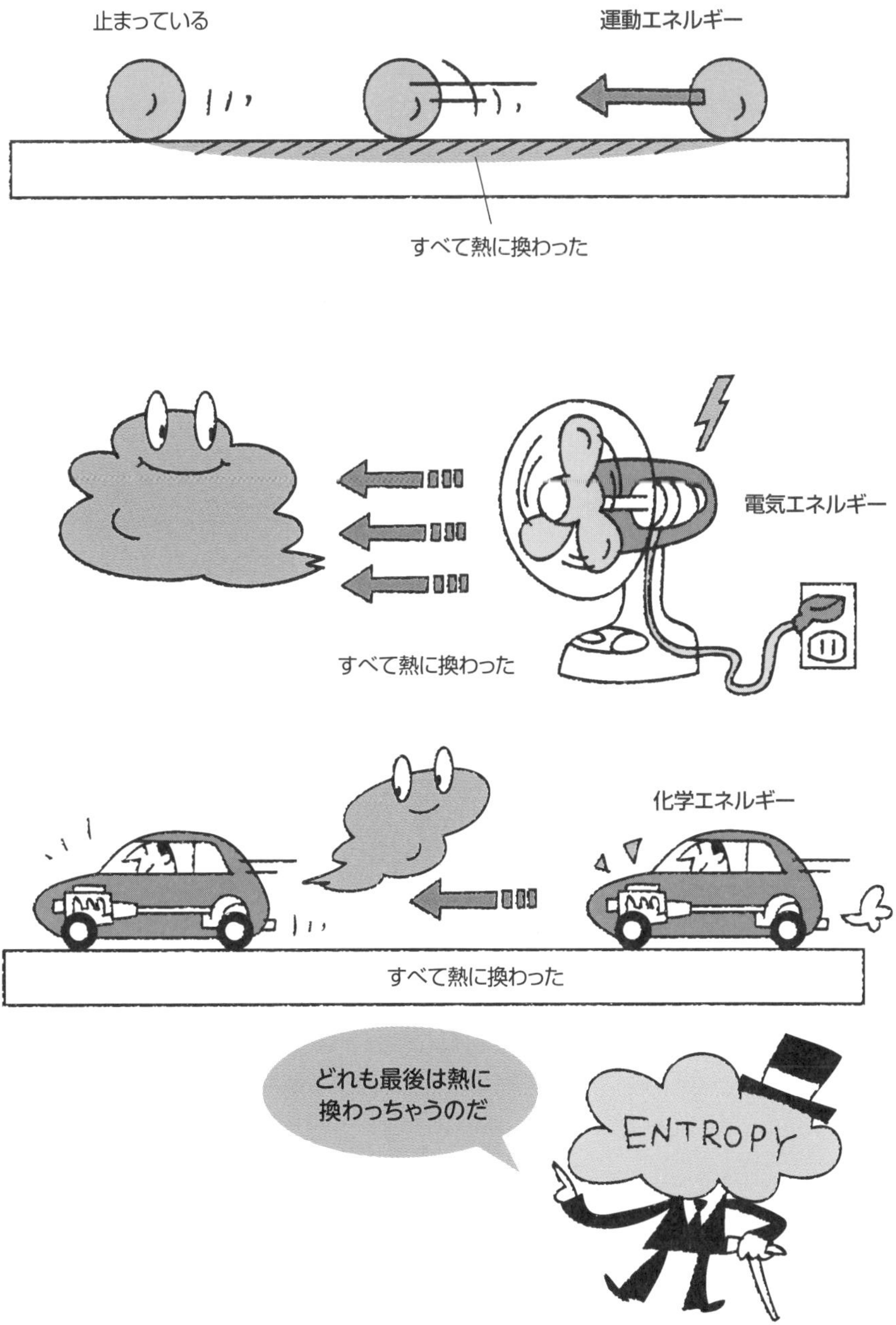
止まっている
運動エネルギー
すべて熱に換わった
電気エネルギー
すべて熱に換わった
化学エネルギー
すべて熱に換わった
どれも最後は熱に換わっちゃうのだ
ENTROPY

Column

エントロピーの求め方

エントロピーは数値で表されますが、それを求めるのはなかなか難しいことです。残念ながら、理論的に計算して求めるならともかく、私たちが簡単に実験して求められるものではありません。そのことがなおさらエントロピーをわかりにくくしている要因かもしれません。

　エントロピーは、熱測定によって求めます。物質のエントロピーは、まず求めたい物質の熱容量と状態変化に伴う熱量を測定します。熱容量とは、その物質の温度を1℃上げるために必要な熱量のことで、エントロピーと同じ単位「J/K」をもちます。物質の熱容量は温度が変わるとそれに応じて変わるので、いろんな温度で求めます。そして求めた熱容量をその時の温度で割った値を、極低温から細かく足し合わせていき、さらに状態変化に伴う熱量をその時の温度で割って加えて、物質のエントロピーを求めます。

　エネルギーのエントロピーは、化学反応を起こさせて、それに伴う反応熱を測定することによって求めます。ある化学反応に伴うエネルギーのエントロピー変化は、反応熱をその時の温度で割ったものとして求まります。

　このようにエネルギーのエントロピーも物質のエントロピーもいずれも「熱」に関する物理量を測定することで得られます。「熱」がいかに、自然現象の本質にかかわっているかということを表しています。

第3章

いざエントロピーに挑戦!

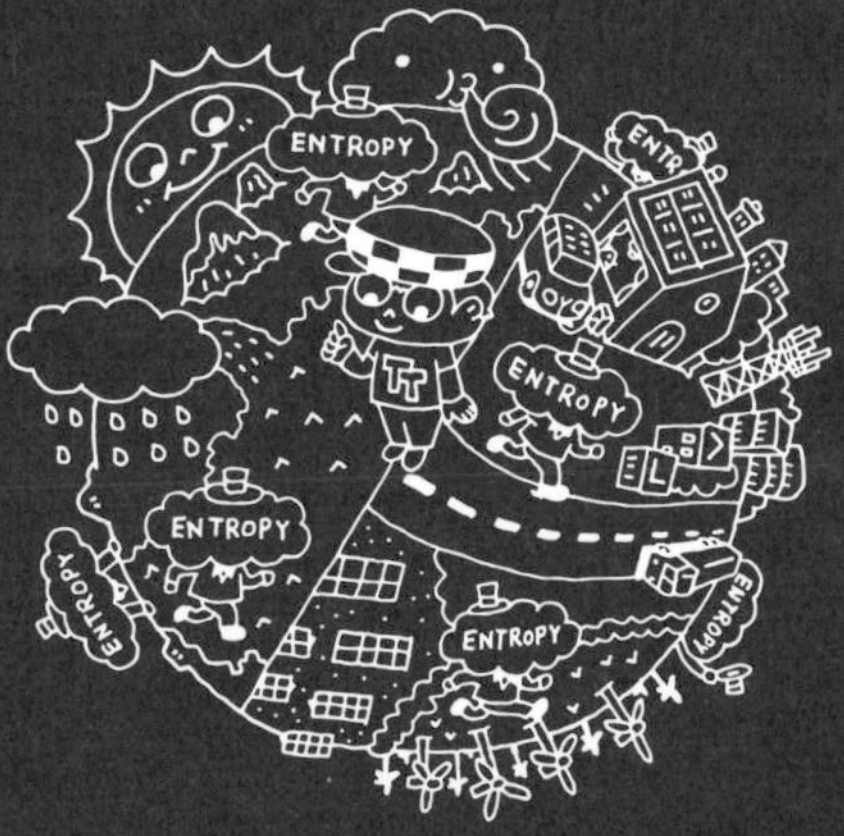

17 全体を見る、それが大切

興味のある部分だけにとらわれない

本章ではいよいよエントロピーに迫っていきましょう。そのために知っておくべき大切なことがあります。それは、変化を考える時に、常に全体を見るということです。

たとえば、コップの中の水を考える時、私たちは水のことだけを考えがちです。水がどのように変化するかに興味があるので、当然なのですが、エントロピーを考える時は、コップの中の水以外の、その周りに起こったことも考えなければなりません。自分のことだけを考えていてはダメなのです。

80℃のお湯をコップに入れたとします。周りの温度は15℃とします。これが今の場合に設定された条件で、この後どのように変化していくかを考えることになります。コップにはフタをしておいて、お湯が蒸発しないようにします。さて、そのまま放置しておくと、コップの中のお湯はどんどん冷えて、長い間経つと周りの温度と同じ15℃になって、それ以上変化しなくなります。

どんどん冷えるのは、お湯が周りに熱を与えているからです。周りはコップから熱をもらいますが、周りはとても大きいので、ちょっとくらい熱をもらっても実質的に温度はまったく変わらないでしょう。この時、起こった変化としては、①80℃のお湯は熱を失って(周りに与えて)15℃になった。②15℃の周りは、コップが失ったのと同じだけの熱を受け取ったが、周りが大きいので、温度は変化しなかった、ということです。全体を見るというのは、①だけではなくて、②の周りを忘れないということです。

熱力学の用語では、興味のある部分を「系《けい》」、それ以外の部分を「外界《がいかい》」、そして系と外界を合わせたすべてを「全宇宙」と言います。

本書では、系は水などのように具体的な物体を、外界のことを「周り」、全宇宙のことを「全体」と呼ぶことにします。

要点BOX

- ●注目しているところと、それ以外の周りも大切
- ●興味ある部分と周りを合わせて「全体」という
- ●周りの温度は変化しない

自分のことだけ考えない

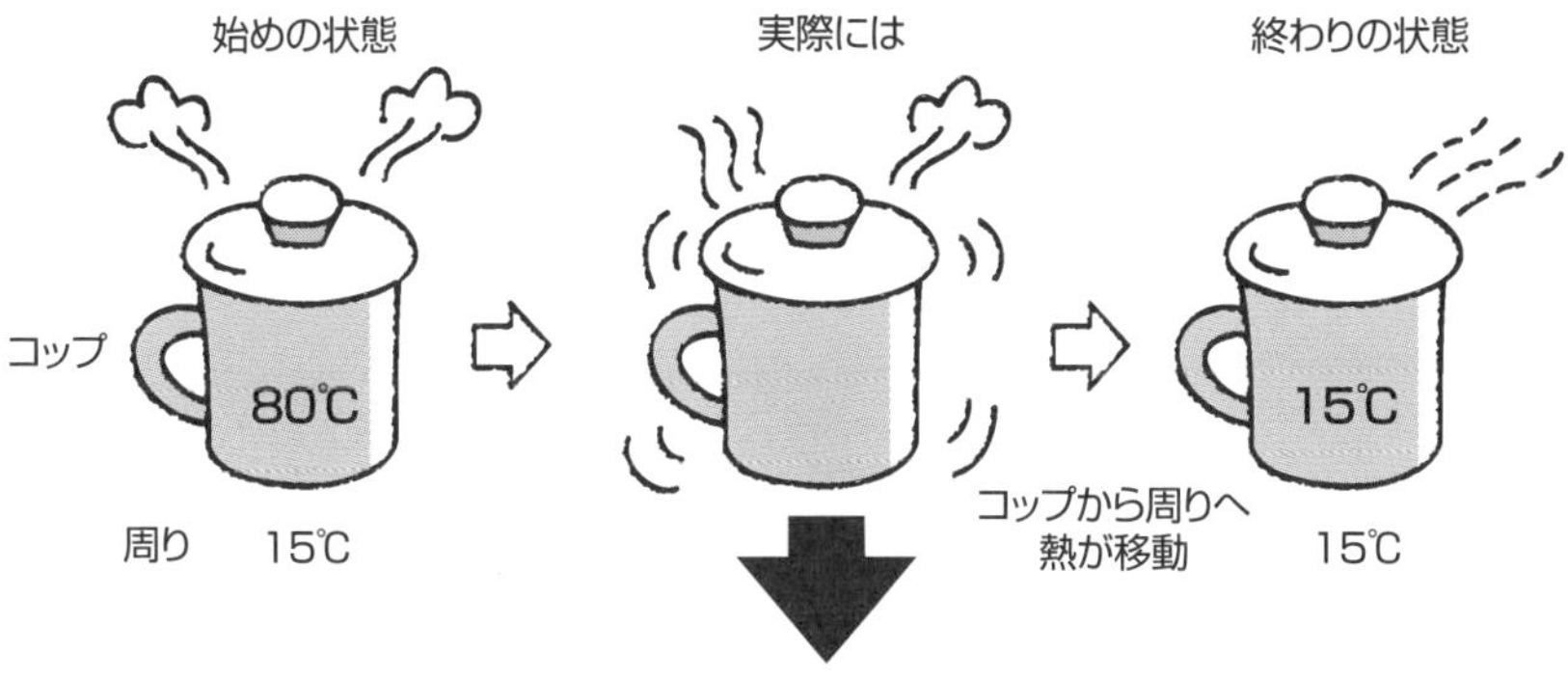

これをコップと周りを分けて書くと

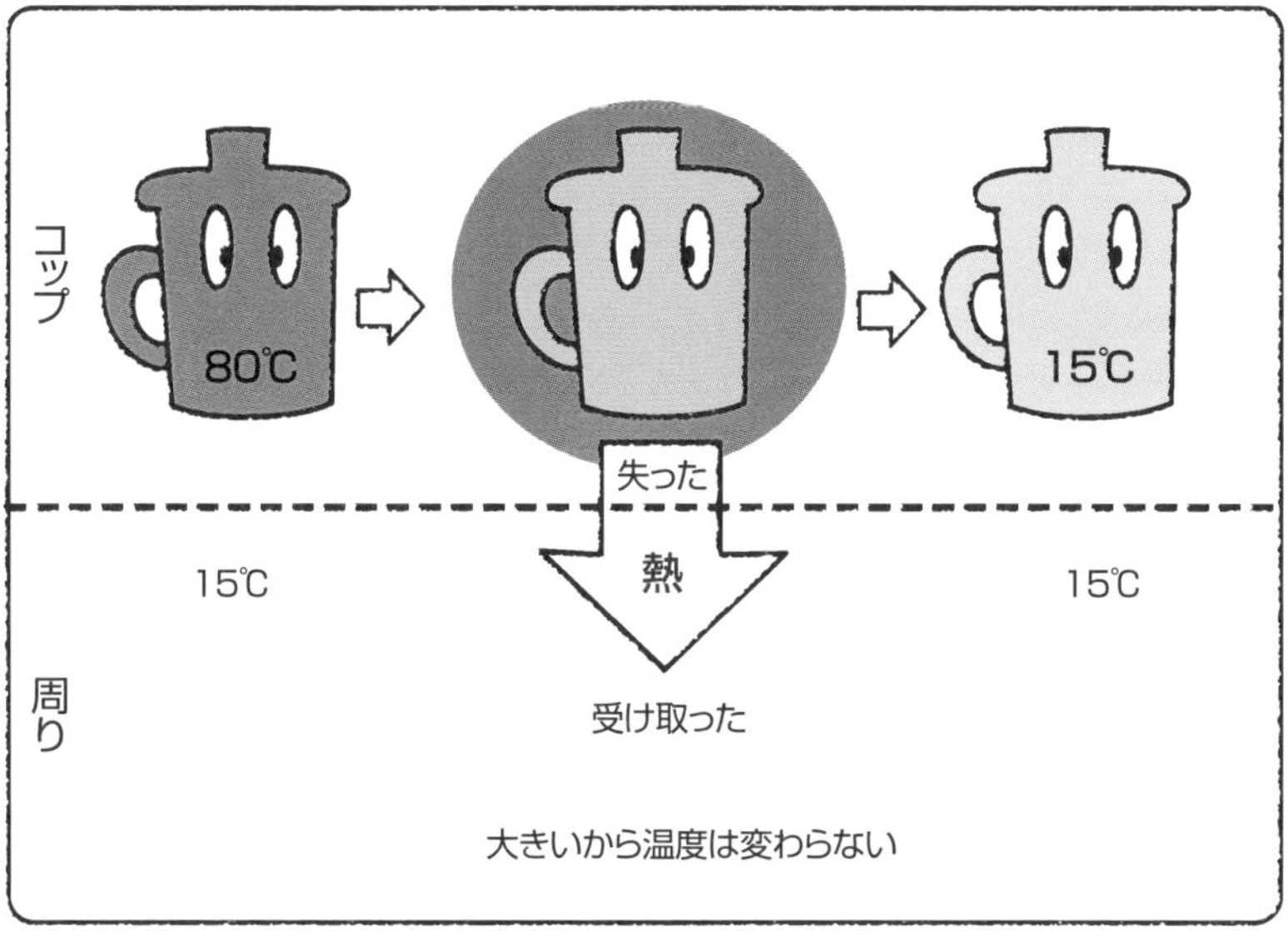

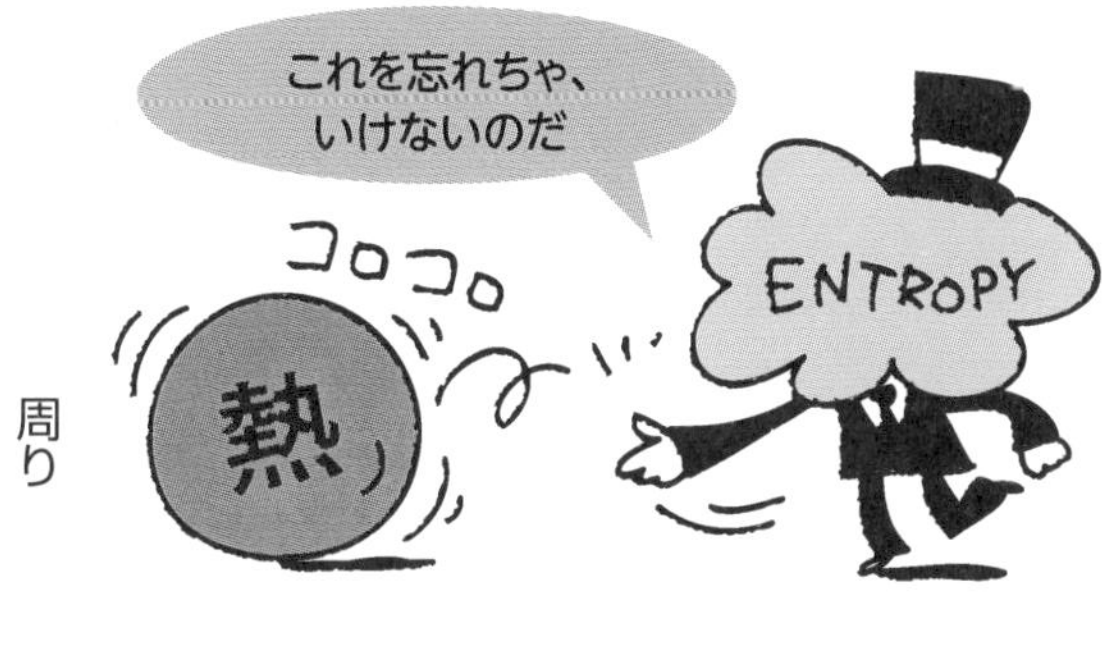

18 完全に元に戻れるか戻れないか、それが重要

変化の方向性を判定しよう

エントロピーを理解することは、世の中で起こる変化は一方向にしか起こらないことを、きちんと認識することに他なりません。ここでは、変化が一方向にしか進まないことを、どのように示したらよいか考えてみましょう。

いま、ある条件を設定して、始めの状態（始状態《しじょうたい》）から後の状態（終状態《しゅうじょうたい》）に、自然に変化したとしましょう。ここで、終状態から、なんらかの工夫をして、どこにも、どんな影響も残さずに始状態に戻れたとしましょう。どこにも影響なく、完全に始状態に戻ったら、始状態と終状態はどちらが始めでも後でもどちらでも構わないことになります。つまり、変化に方向性が無いことになります。ということは、変化に方向性があることを示すには、「始状態→終状態の変化」がいったん起こったら、「終状態→始状態」には戻れないことを示せばよいでしょう。

それでは、具体的に見ていきましょう。コップに80℃のお湯を入れて、15℃の周りにおいておくところから始めましょう。つまり「始状態Ⅰ」として、80℃のお湯と15℃の周りということです。この変化の「終状態Ⅰ」は、15℃のお湯（水）とお湯が失った熱、そして15℃の周りとその15℃の周りが受け取った熱になります。

さて、なんとかして「始状態Ⅰ」に戻る工夫をしてみましょう。「始状態Ⅰ」に戻るには、コップの中の15℃の水を80℃のお湯にすることが必要です。15℃の水を80℃に変えるには、いろんな方法が考えられますが、まずは80℃の周りに浸せばいいですね。とにかく、80℃に保てる大きな恒温槽をもってきて、そこに浸せばよいだけです。戻す時の「始状態Ⅱ」は、15℃の水と80℃の周りがある状態で、そこに放置しておくと「終状態Ⅱ」は80℃のお湯と水が80℃の周りから受け取った熱、それと80℃の周りとそれが失った熱になります。80℃の周りに浸しておいて、80℃になった後に、15℃の環境に動かせば「始状態Ⅰ」になります。

要点BOX

- 完全に元に戻れたら変化に方向性はない
- 終状態→始状態には戻れないことを示す
- 冷えた水を温めて元に戻す

温めて元に戻そう

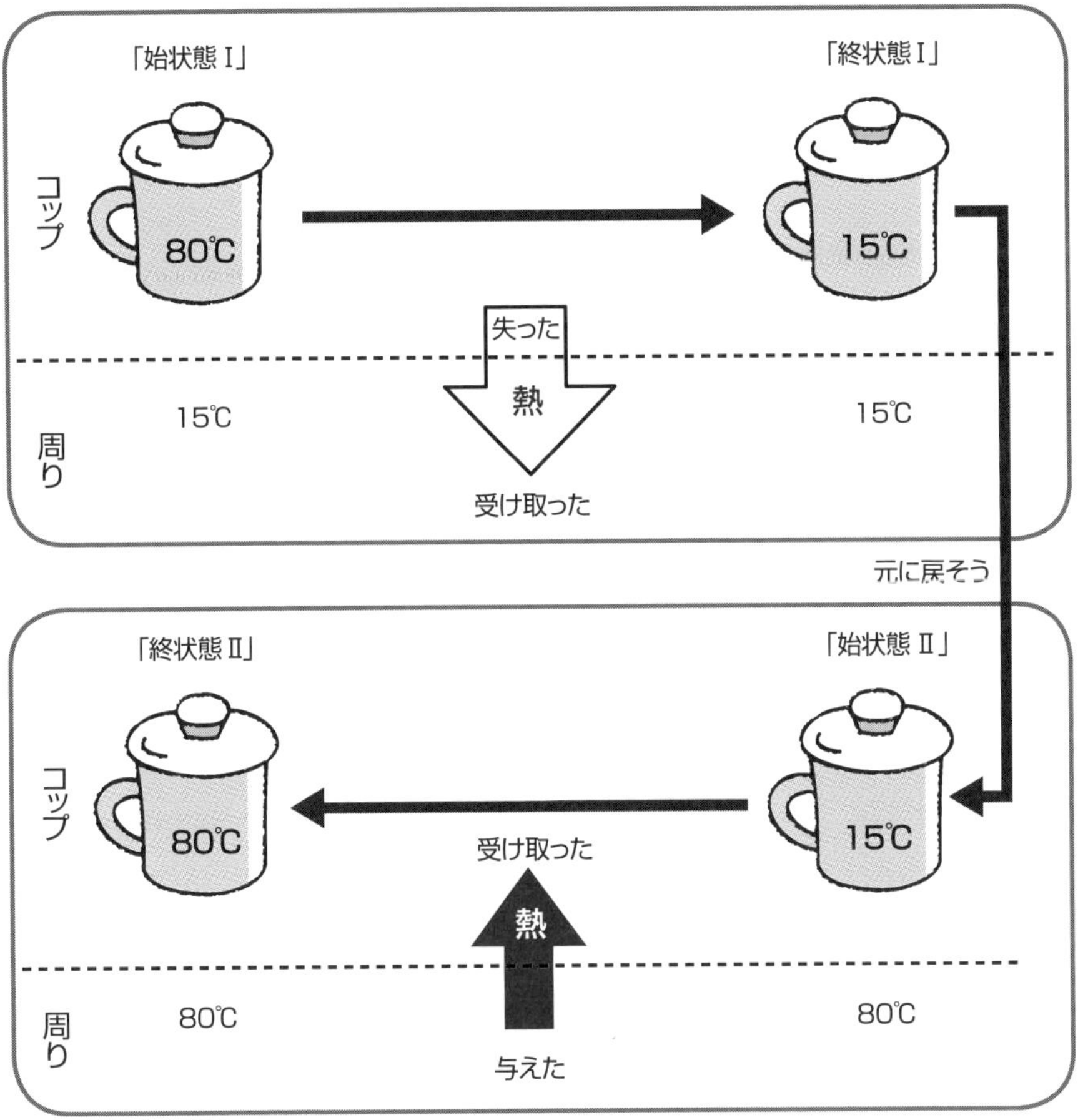
「始状態Ⅰ」
「終状態Ⅰ」
コップ
80℃
15℃
失った
熱
受け取った
周り
15℃
15℃
元に戻そう
「終状態Ⅱ」
「始状態Ⅱ」
コップ
80℃
15℃
受け取った
熱
与えた
周り
80℃
80℃

これを15℃の周りに
移動させれば
元に戻るのだ
ENTROPY

19 どこかに影響が残ってないか

温かい周りに置いてみる

⑱項の続きです。「終状態Ⅱ」でお湯は80℃になりました。これは「始状態Ⅰ」と同じです。コップにはフタをしてあって、お湯になっても蒸発しないので、水の量が同じで、変化させる温度も同じ幅（80−15＝65℃）なので、冷えた時にお湯が失った熱の量と、温まった時に周りから水が受け取った熱の量は等しくなります。だったら、完全に元に戻ってそうですね。ただ、ここで、ちょっと待ってください。全体を見ないといけないのでした。周りに注目してみましょう。

「始状態Ⅰ→終状態Ⅰ」では、15℃の周りは80℃のコップのお湯から熱をもらいました。続く、元に戻す方の、「始状態Ⅱ→終状態Ⅱ」では、80℃の周りは、コップの水に熱を与えました。もらった熱と与えた熱のそれぞれの総量は等しくなっています。そして、コップのお湯は元に戻りました。

コップのお湯は元に戻って、冷える時と温まる時で周りがやり取りする熱量は同じ。それなら、完全に元に戻ってそうですね。でも、よく考えてください。熱をもらったのは、15℃の周りです。そして、熱を与えたのは、80℃の周りです。量は同じですが、冷やしてから温めてみると、結果として周りは、80℃の周りから熱が無くなって、15℃の周りが熱をもらったことになっています。

そうなのです、周りに影響が残ってしまっているのです。80℃の周りと15℃の周りは違います。したがって、いったん「始状態Ⅰ→終状態Ⅰ」という、コップのお湯が周りに熱を与えて冷めていくという現象が起こったら、温かい周りにおいて熱を加えて温める方法では、どこにも影響を残さずに、元の始状態Ⅰに戻ることはできないのです。これは、冷やすためには、冷やしたいものよりも温度の低い周りが必要で、逆に温めたい時は温めたいものよりも温度の高い周りが必要なためです。

要点BOX

- ●温度の異なる周りがある
- ●何度の周りが熱をやり取りしたかが大切
- ●温めたい時は温度の高い周りが必要

周りに影響が残っている

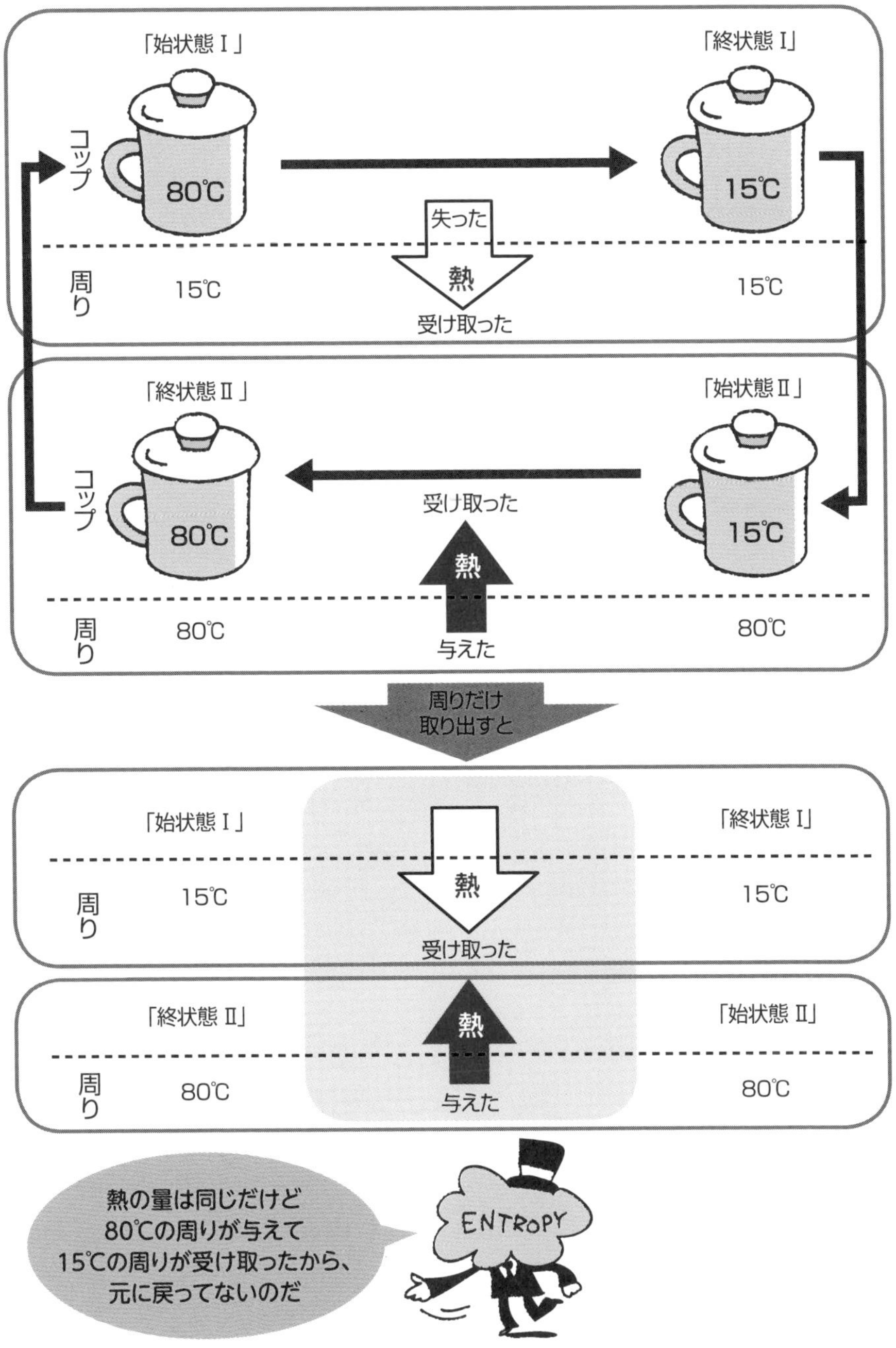

20 やっぱり元には戻らない

それでは、周りから熱を与えるのではなくて、電子レンジでチンしてみたらどうでしょう。電子レンジの時間をうまく調整すれば、いったん冷めた15℃の水も80℃に温めることは簡単にできます。つまり簡単に元に戻せます。さて、どこかに影響が残っているでしょうか。大切なことを思い出してください。私たちは電子レンジをコンセントにつないで使います。つまり、電気エネルギーを使いながら温めています。そうすると、「始状態Ⅰ→終状態Ⅰ」で15℃に冷めた水を、電子レンジで80℃に温めたとしても、温める時に電気エネルギーを使ったという影響は残ってしまいます。また、冷える時に15℃の周りがもらった熱もそのままです。

結局、冷やした後に温めても、周りは電気エネルギーを与えて、15℃の周りが熱をもらったという影響が残されてしまいます。やっぱり元には戻りません。

このように、コップの15℃に冷めた水を、80℃に温めて戻す方法はいくつもあって簡単なのですが、必ず周りに影響が残ってしまうことがわかると思います。したがって、「始状態Ⅰ→終状態Ⅰ」、すなわち、15℃の周りに置かれている80℃のコップのお湯は、自然に冷めるという変化は、一方向にしか起こらないと言えるのです。

これを一般化して熱エネルギーの流れる向きに注目して言うと、熱は高温の部分から低温の部分に自然に流れる、それは一方向に起こるということなのです。そして、変化が起こってしまうと元に戻らない方、今の場合は、15℃のコップの水と周りがある「終状態Ⅰ」の方を、「始状態Ⅰ」と比べて、「全体のエントロピーが増えた状態」と言います。

全体のエントロピーは自然に起こる変化に伴って必ず増大して、減少することはありません。したがって、熱が自然に高温の部分から低温の部分に流れるのは、それが全体のエントロピーを増大させるからだという言い方をします。

要点BOX
- ●方法はいくつもあるが、必ず影響が残る
- ●元に戻らないのは、全体のエントロピーが増大したため

電子レンジを使ってみよう

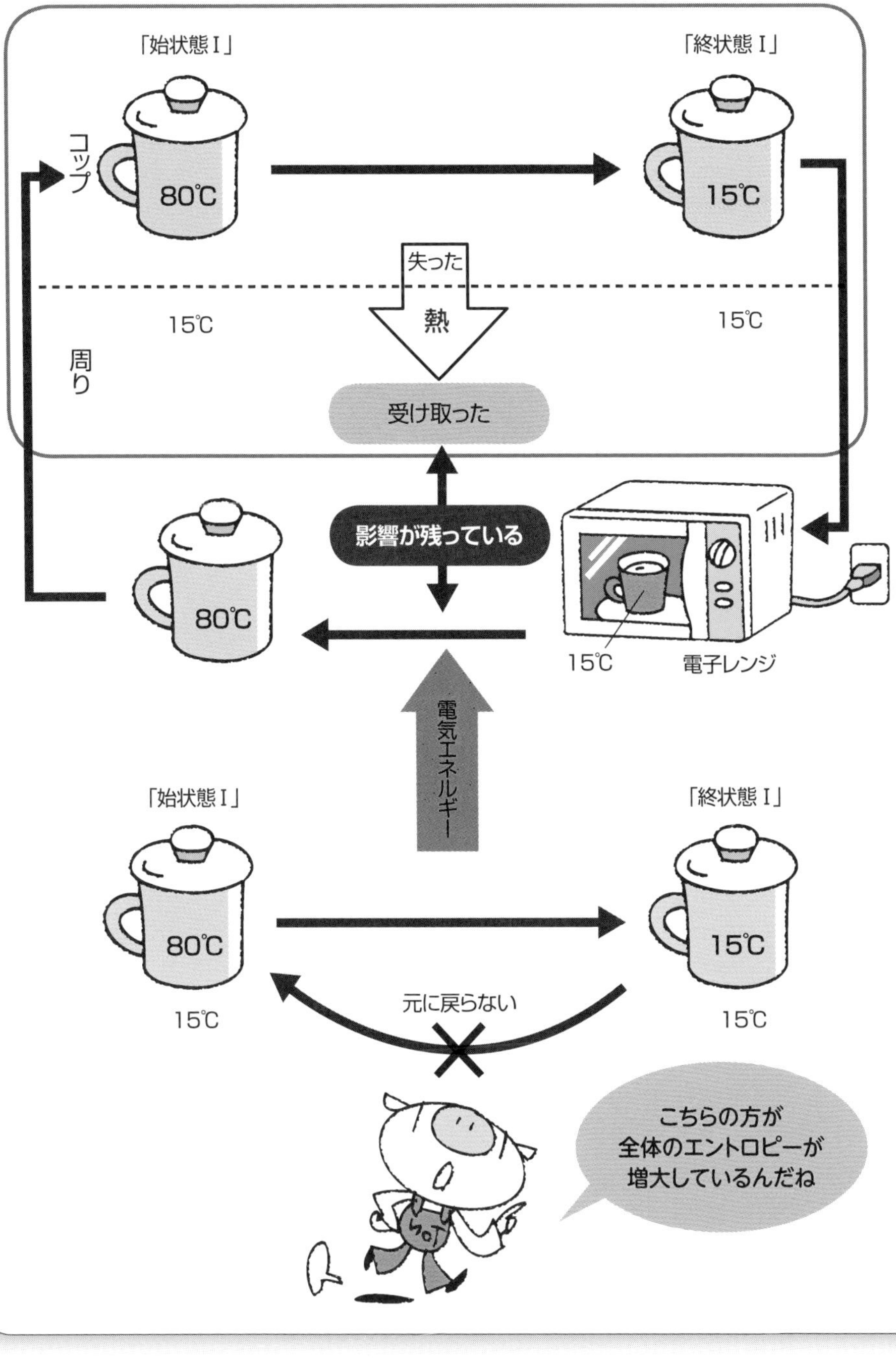

21 動いている物体は自然に止まる

摩擦によって熱に換わる

動いている物体が止まる現象を考えてみましょう。床を転がしたボールは自然に止まります。この変化の「始状態Ⅰ」はボールが転がっていて運動エネルギーをもっている状態で、周りはたとえば15℃だったとしましょう。「終状態Ⅰ」は、ボールが摩擦で止まって、15℃の周りに、もっていた運動エネルギーと同じ量の熱（摩擦熱）を与えたという状態です。

さて、摩擦によって止まってしまったボールを動かして「始状態Ⅰ」にするにはどうしたらよいでしょうか。しかも忘れてはいけないのは、周りがもらった摩擦熱もなんとかしないといけないということです。

ボールだけもう一度転がせばいいだけなら、簡単です。別に動いている物体を当てるとか、モータで引っ張ってやるとかすれば、転がります。

でも、それだと別の物体の運動エネルギーを使ったとか、モータを動かすのに、電気エネルギーを使ったという影響が残ってしまいます。周りがもらった摩擦熱を集めて、なんとかして物体が動けばいいんですが、そんなことはできそうにないですね。ここは大切なところなのですが、「いったん周りの温度と同じになってしまった熱エネルギーは、いくらあっても物体を動かすことはできない」つまり「仕事をすることはできない」のです。そのため、「変化は、運動している物体が摩擦で自然に止まるという方向に起こる」と言えます。そして、このことを運動エネルギーは、「摩擦によって熱エネルギーに換わった方が、全体のエントロピーが増大するために起こる」と表現します。

逆に言うと、低温の部分から高温の部分に熱が移動しないことや、周りと同じ温度の熱エネルギーによって物体を動かすことができないのは、もしこれらの現象が起こってしまったら、それは全体のエントロピーが減少してしまうからだといってよいのです。

全体のエントロピーが減少する変化は決して起こりません。それが自然の摂理なのです。

要点BOX

- ●周りの温度と同じ熱エネルギーは役に立たない
- ●全体のエントロピーが減少する変化は決して起こらない

周りと同じ温度の熱はダメ

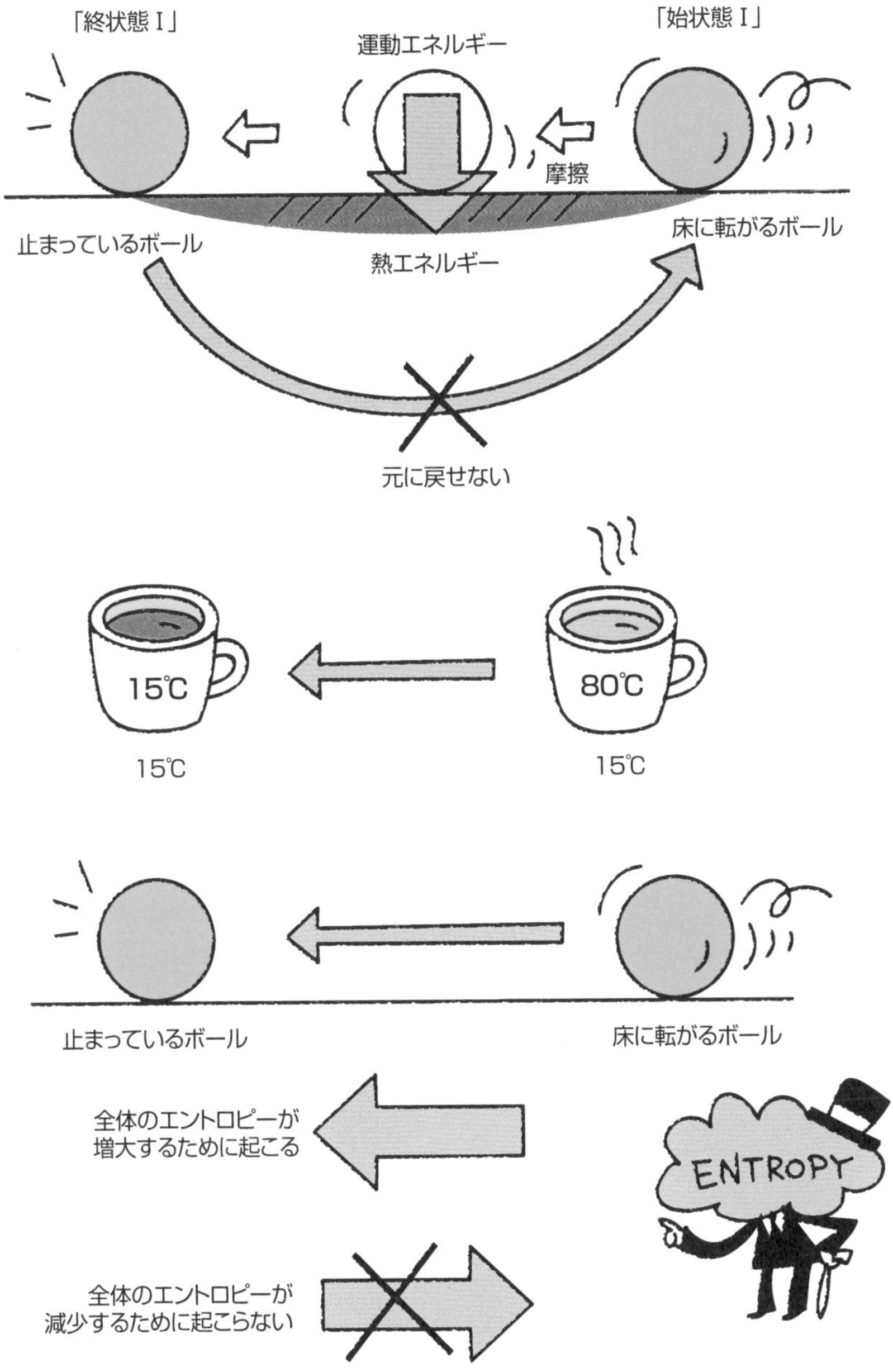
「終状態Ⅰ」
運動エネルギー
「始状態Ⅰ」
摩擦
止まっているボール
熱エネルギー
床に転がるボール
元に戻せない
15℃
80℃
15℃
15℃
止まっているボール
床に転がるボール
全体のエントロピーが
増大するために起こる
全体のエントロピーが
減少するために起こらない
ENTROPY

22 熱に換わってしまったらおしまい?

元に戻らない理由

運動エネルギーが、いったん周りの温度の熱エネルギーに換わってしまったら、もう元には戻せないことがわかりました。

大切なことは周りの温度の熱エネルギーに換わってしまったということなので、換わる前が電気エネルギーであるか、ポテンシャルエネルギーであるか、化学エネルギーであるか、光エネルギーであるかにかかわらず、変化の方向性が決まってしまいそうです。

電気エネルギーは、ヒータを使って物体を温めることができます。電子レンジも同じです。しかし、ヒータや電子レンジを温めたからといって、電気エネルギーには換わりません。つまり、電気エネルギー→熱エネルギーは自然な変化で、全体のエントロピーが増大するのです。

高い所にあるポテンシャルエネルギーをもっている物体を落下させます。何度か跳ね上がりを繰り返しますが、最後は自然に止まります。つまり、ポテンシャルエネルギーは運動エネルギーに換わったりしながらも、最後は熱エネルギーになってしまったのです。この場合も、物体を温めたからといって、突然高いところに飛び上がったりはしません。やはり、ポテンシャルエネルギー→熱エネルギーは自然な変化で、全体のエントロピーが増大するのです。

携帯用カイロの袋を開けて、大気中の空気と触れさせてみましょう。中の鉄粉が徐々に錆びて、ジワっと発熱して温かくなります。そして、使い終わったカイロをいくら温めても、錆びた鉄は元の鉄には戻りません。これは化学エネルギー→熱エネルギーの変換ですが、これも全体のエントロピーが増大するのです。

光エネルギーも同じですね。太陽光は地面を温めますが、地面を温めたら光はじめることはないですね。

このようにどうやら、周りの温度の熱に変わってしまったら元に戻らないようです。

要点BOX

- 周りの温度の熱に換わってしまったら元に戻らない
- 熱に換わると全体のエントロピーが増大する

みんな熱に換わっていく

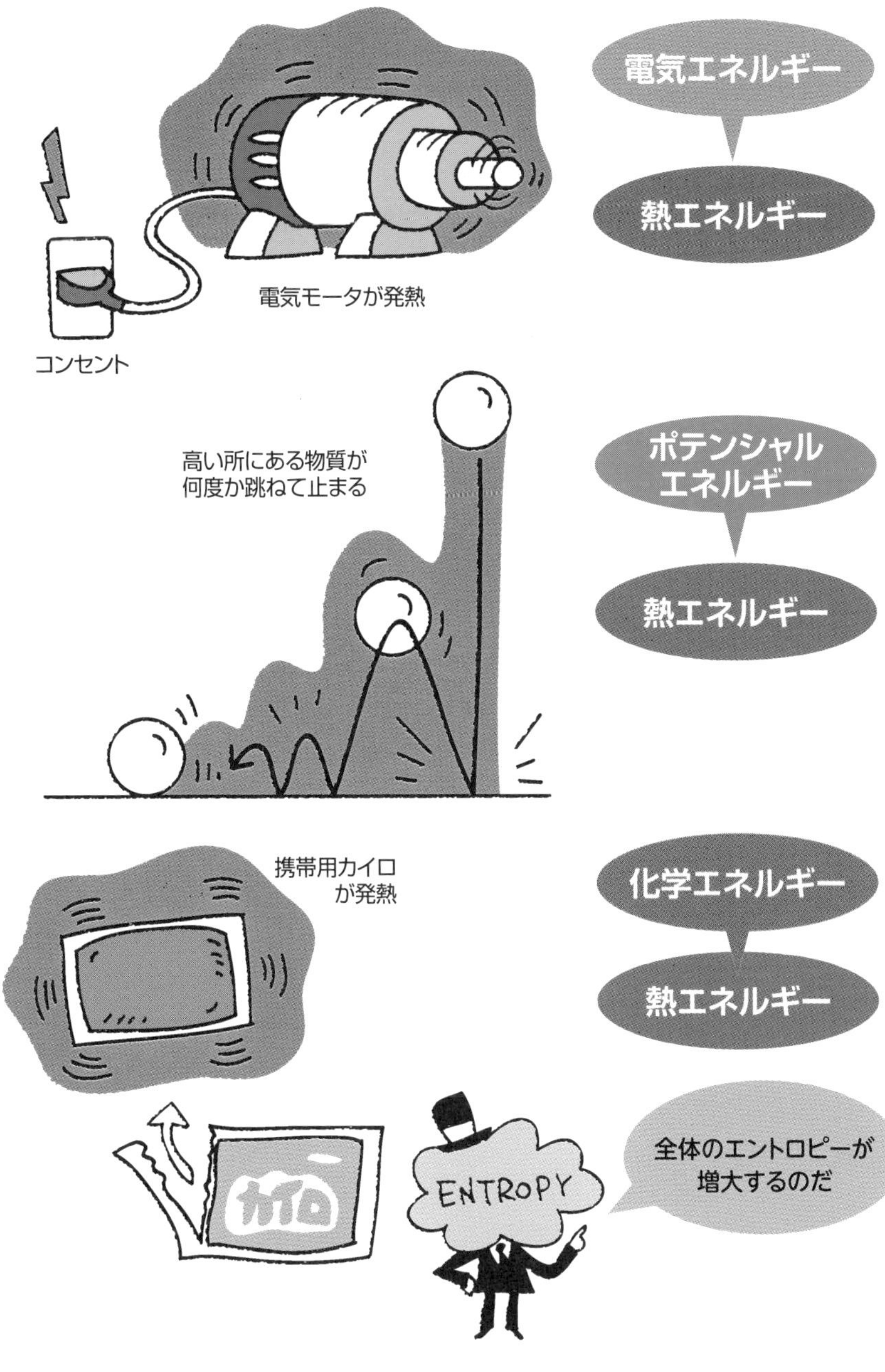
電気エネルギー
熱エネルギー
電気モータが発熱
コンセント
高い所にある物質が
何度か跳ねて止まる
ポテンシャル
エネルギー
熱エネルギー
携帯用カイロ
が発熱
化学エネルギー
熱エネルギー
カイロ
ENTROPY
全体のエントロピーが
増大するのだ

23 熱にならなければ元に戻る

でも必ず抵抗や摩擦は存在する

振り子は、1回おもりを持ち上げて離すと揺れを繰り返します。この振り子の運動は、ポテンシャルエネルギーと運動エネルギーの変換ととらえられます。

一番端の一番おもりが高くまで上がる所が、もっともポテンシャルエネルギーが大きな状態で、一番下がもっとも速く動いていて、運動エネルギーが大きな状態です。振り子の場合、現実には摩擦があって、熱エネルギーに換わってしまい、徐々に運動は抑えられてついには止まってしまいます。しかし、摩擦がない理想の状態を考えると、振り子は永遠に繰り返します。したがって、一番端の一番おもりが高くまで上がる所を「始状態」とし、一番下のもっとも速く動いていて運動エネルギーが大きな状態を「終状態」とすると、摩擦がなければ、「始状態」と「終状態」は、完全に元に戻ります。

電気エネルギーと運動エネルギーも同じことができます。電気エネルギーを使って回転運動を起こさせるためにはモータを使えばいいのです。たとえば「始状態」を電気エネルギーが電池などに溜められていて、運動はしていない状態で、その電気エネルギーを使ってモータを回転させて、仕事を取り出した後を「終状態」とします。元に戻すには、取り出した仕事を使って、電気エネルギーを発生させればいいことになります。これには発電機を用います。発電機とモータはちょうど逆のエネルギー変換をするのですが、ここでも導線の抵抗や摩擦がなければ、熱エネルギーに換えずに、全く元に戻すことができます。

ところが、抵抗や摩擦の無い世界を考えることはできません。理想的には考えることはできても、現実に抵抗や摩擦を無くすことはできません。つまり、「必ず熱エネルギーに換わってしまう」と言えます。熱エネルギーに換わってしまうこと、どうもそれが元に戻れない原因のようですね。

要点BOX

- ●電気と運動とポテンシャルエネルギーは完全に元に戻る
- ●抵抗や摩擦があると必ず熱に変わる

ポテンシャルエネルギーと運動エネルギーの変換

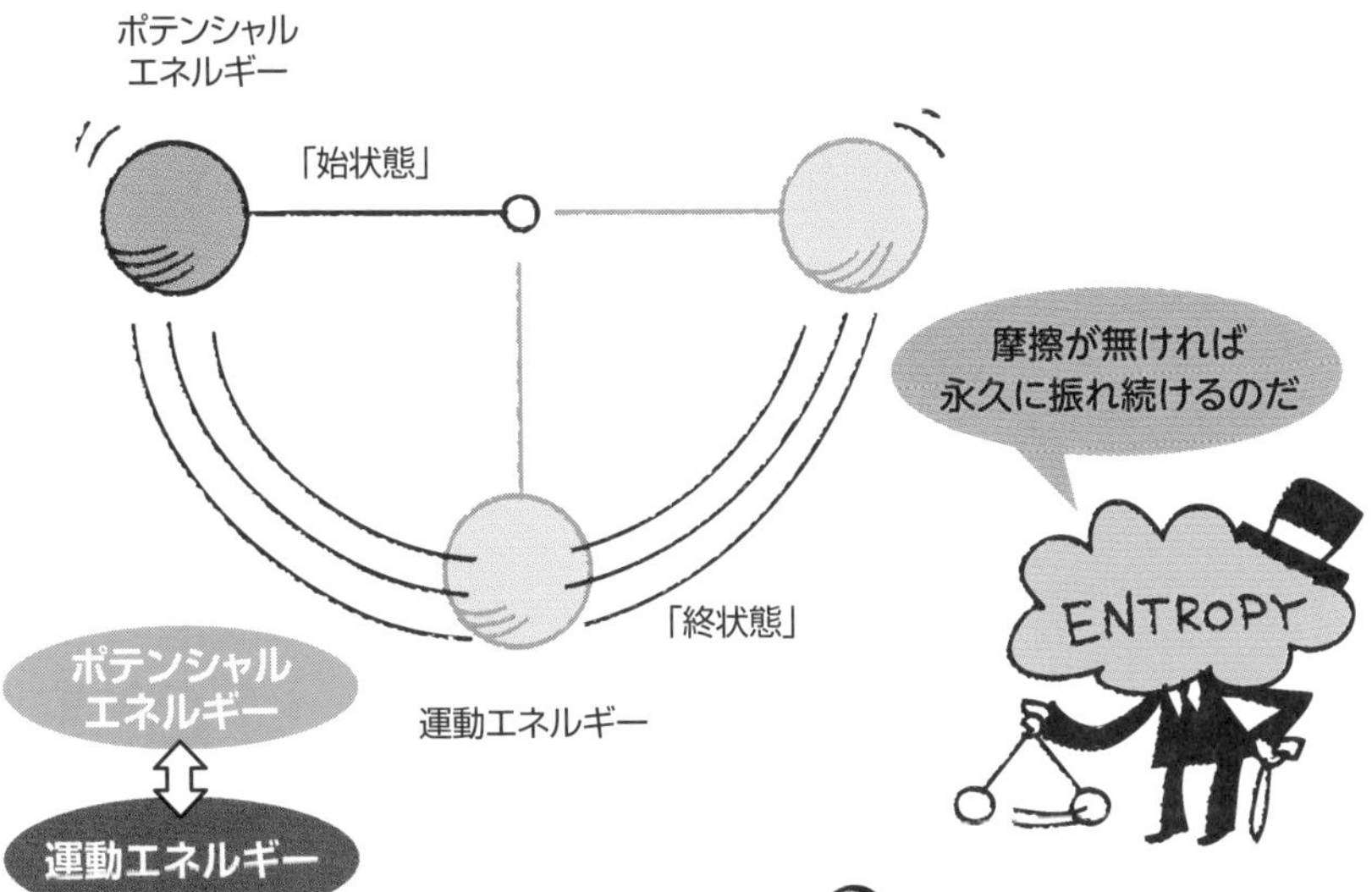

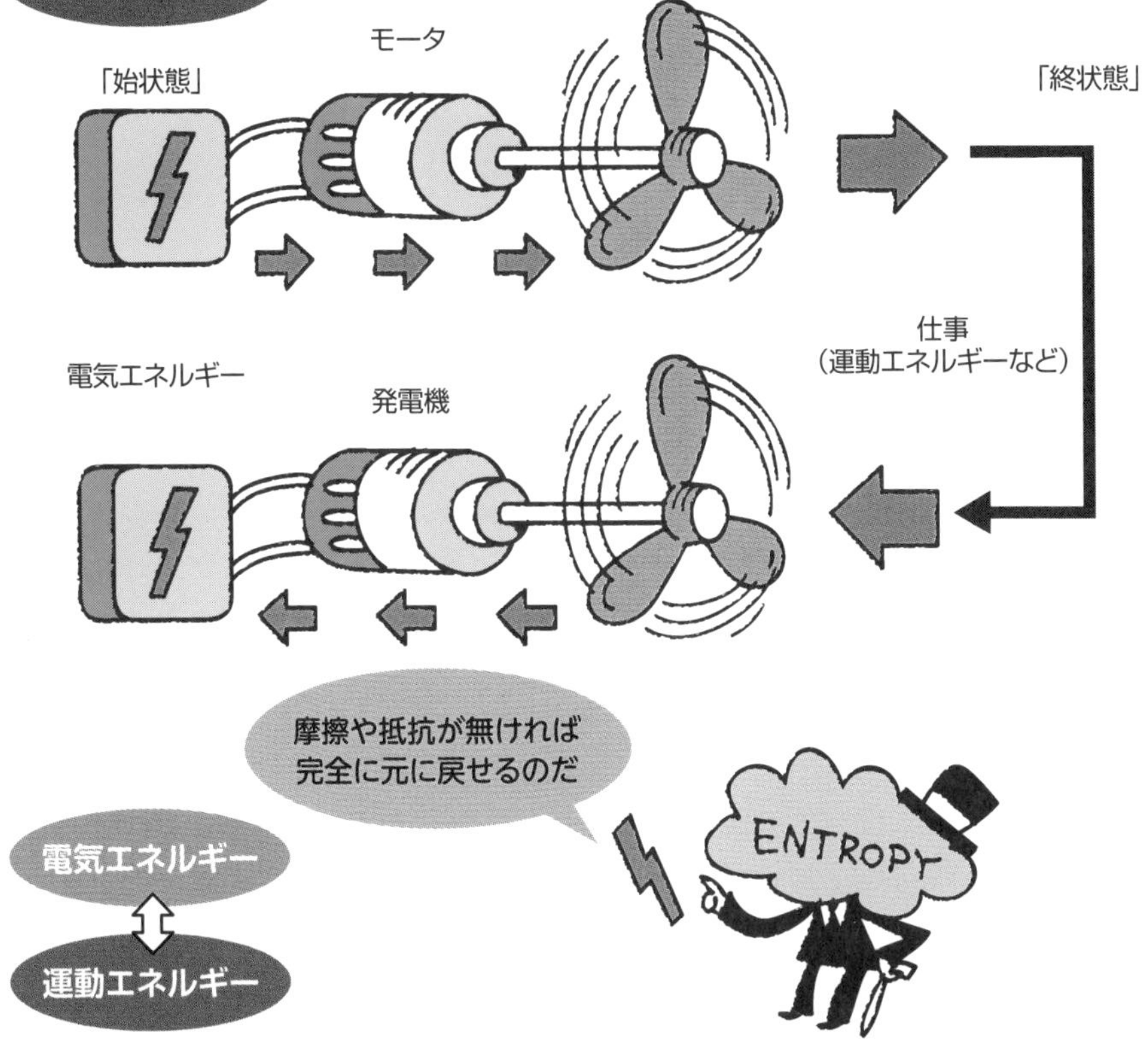

24 エネルギーだけじゃダメなんです

だからエントロピーが必要なんだ

これまでに見てきた現象は、どれもエネルギーの形態変化（変換）を伴う現象でした。そして、高温部の熱→低温部の熱、運動エネルギー・電気エネルギー・ポテンシャルエネルギー・化学エネルギー・光エネルギー→熱エネルギーの変化は、自然に起こる変化であることがわかりました。大切なのは、これらの逆の変化は、決してエネルギー保存の法則に反しているから起こらないのではないということです。

たとえば、周りに何も起こらないで、突然物体が動き出すのは、運動エネルギーが生まれたことになってしまうのでエネルギー保存則に反します。ですから、そういう現象はエネルギー保存則に反するために起こらないのです。しかし、たとえば、物体の載っている床から物体に熱エネルギーが移動して（その結果、床は少し冷たくなります）、その熱エネルギーを運動エネルギーに変換して物体が動くことは、エネルギー保存則に反していません。それでも実際にそんなことは起こりませんね。他にも左頁のようにエネルギー保存則に反していないのに、起こらない現象はいくらでも考えられます。

①地面が冷たくなって、止まっていた物体が突然高いところに飛び上がる（熱エネルギー→ポテンシャルエネルギー）

②コップにお湯を入れておいていたら、周りが冷たくなり、お湯はさらに熱くなって沸騰しはじめる（低温部の熱→高温部の熱）

③電熱線を温めると電気が発生する（熱エネルギー→電気エネルギー）

④地面を温めると光はじめる（熱エネルギー→光エネルギー）

⑤使い終わった携帯用カイロを温めると、使えるようになる（熱エネルギー→化学エネルギー）

エネルギー保存則だけでは変化の方向性は示せません。だからこそ、エントロピーが必要なのです。

要点BOX

- ●エネルギー保存則だけでは変化の方向性は示せない
- ●別の法則が必要

エネルギー保存則に反してないのに起こらない現象

❶

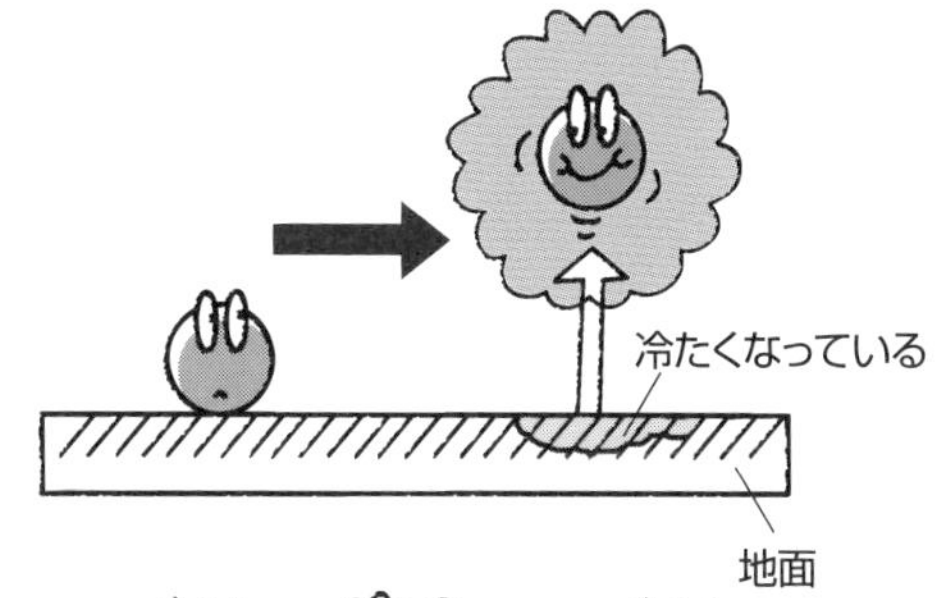

熱エネルギー
↓
ポテンシャルエネルギー

❷

低温部の熱
↓
高温部の熱

❸

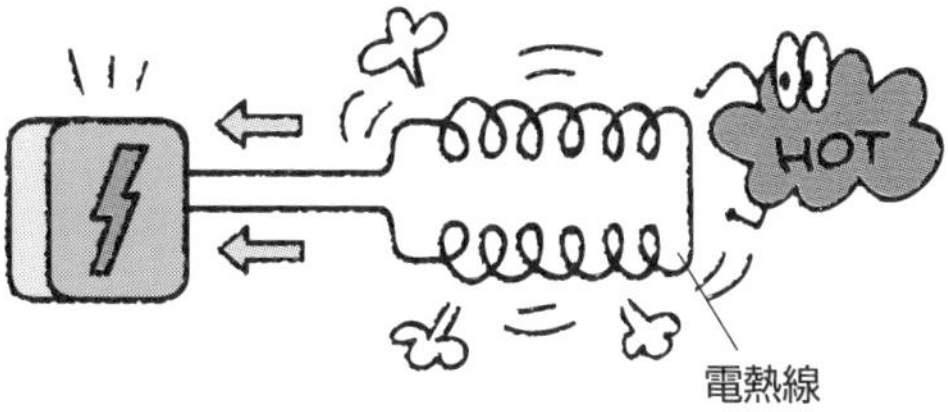

熱エネルギー
↓
電気エネルギー

❹

熱エネルギー
↓
光エネルギー

❺

熱エネルギー
↓
化学エネルギー

25 エネルギーには質がある

質の良いエネルギー・質の悪いエネルギー

とても大切なことをお話しします。実は「エネルギーには質がある」のです。エネルギーとは、そもそも仕事のできる潜在的能力のことでしたが、それに質があるのです。つまり、質の良いエネルギーと質の悪いエネルギーがあるということです。

質の良し悪しはどのように決めるのかというと、「たくさん仕事ができるかどうか」で判断します。そもそもエネルギーの定義は、なんとか工夫をして仕事ができればいいので、その量は問題にしていません。ほんの僅かでも物体を動かすことができれば（仕事をすれば）それは立派なエネルギーです。

ただ、エネルギーの種類によって、仕事ができる能力が異なるのです。仕事は私たちにとって役に立つので、たくさん仕事ができる方が質が良いと言うのです。すなわち、質の良いエネルギーほど、たくさん仕事ができるのです。どれだけ仕事ができるかを考えると、ポテンシャルエネルギー・運動エネルギー（これらを2つ合わせて「力学的エネルギー」と言います）・電気エネルギーは理想的には完全に仕事に換えることができます。

光エネルギーも、その光がどのようにしてできたかが大切なのですが、太陽光エネルギーは非常に高温（6000℃！）の太陽から生まれた光なので、かなり仕事をすることができます。

化学エネルギーは、物質がもつエネルギーと言いましたが、まさに物質は千差万別で、燃料から廃棄物まであリますから、たくさん仕事のできるものからできないものまで幅広くありそうです。

熱エネルギーも高温部にあればあるほど、仕事することができます。どうしようもないのが、低温部の熱エネルギーで、周りと同じ温度の熱はいくらあってもどうしようもないのです。

同じエネルギーといっても、仕事ができる「量」が違うのですね。

要点BOX

- **エネルギーの質は仕事ができる量で決める**
- **エネルギーの種類によって、仕事を取り出しうる能力が異なる**

仕事ができる能力が違う

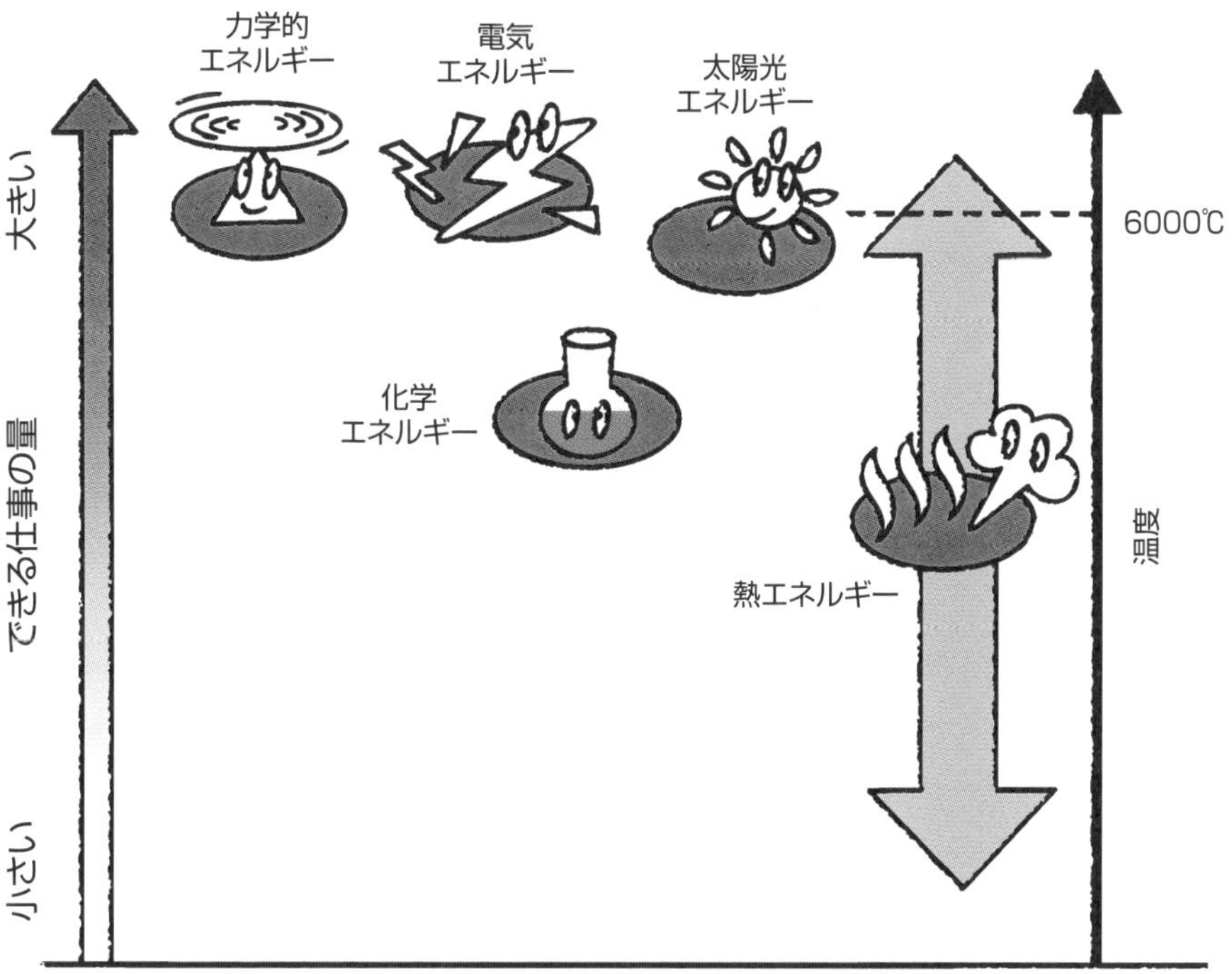

26

自然の変化はエネルギーの質と関係?

エネルギーの質の低下とエントロピーの増大

エネルギーの質は、できる仕事の量で決まりました。そうすると、電気・運動・ポテンシャル・太陽光エネルギーが質の良いエネルギー、化学エネルギーは物により、熱エネルギーは高温部よりも低温部の方が、質が悪いことがわかりました。しかし、よく見てみると、この順序は実は、できる仕事の量だけではなくて、変化の方向性にもかかわっているのです。

すでにみなさんは、熱エネルギーになってしまうと、状態は元に戻らないことを知っています。また、熱は自然に高温部から低温部に流れます。

熱は質の悪いエネルギーだし、同じ熱でもより低温部の熱は質が悪くなります。力学的・電気・太陽光・化学エネルギーが、自然に熱に換わっていくことや、熱が高温部から低温部に自然に移動することを、エネルギーの質と関連づけて見てみると、次のように言えそうです。すなわち、「自然に起こる現象は、エネルギーの質が悪くなる方向に起こりやすい」。

自然の変化は、エネルギーの質が悪くなる方向に起こりやすいと言えそうですが、これは、仕事をする能力がなくなる方向に起こりやすいと言い換えることができます。世の中のエネルギーは、なぜだかわかりませんが、どんどん仕事ができる能力を減らす方向に変化するのですね。

仕事ができる能力と変化の方向性とが密接に関係しているとは、とても不思議なことではないでしょうか。自然現象の奥の深さを感じていただきたいと思います。また、私たちは、これを、エントロピーを使って言い換えます。つまり、エネルギーの質が悪くなると全体のエントロピーが増大しやすい、あるいは、仕事をする能力が無くなると全体のエントロピーが増大しやすいと言います。ただし、「増大する」と断定しないで、「増大しやすい」と表現していることには意味があります。詳しくは後で説明します。

要点BOX

- ●仕事をする能力がなくなる方向に起こりやすい
- ●自然の変化は、エネルギーの質が悪くなる方向に起こりやすい

エネルギーの質と変化の方向性

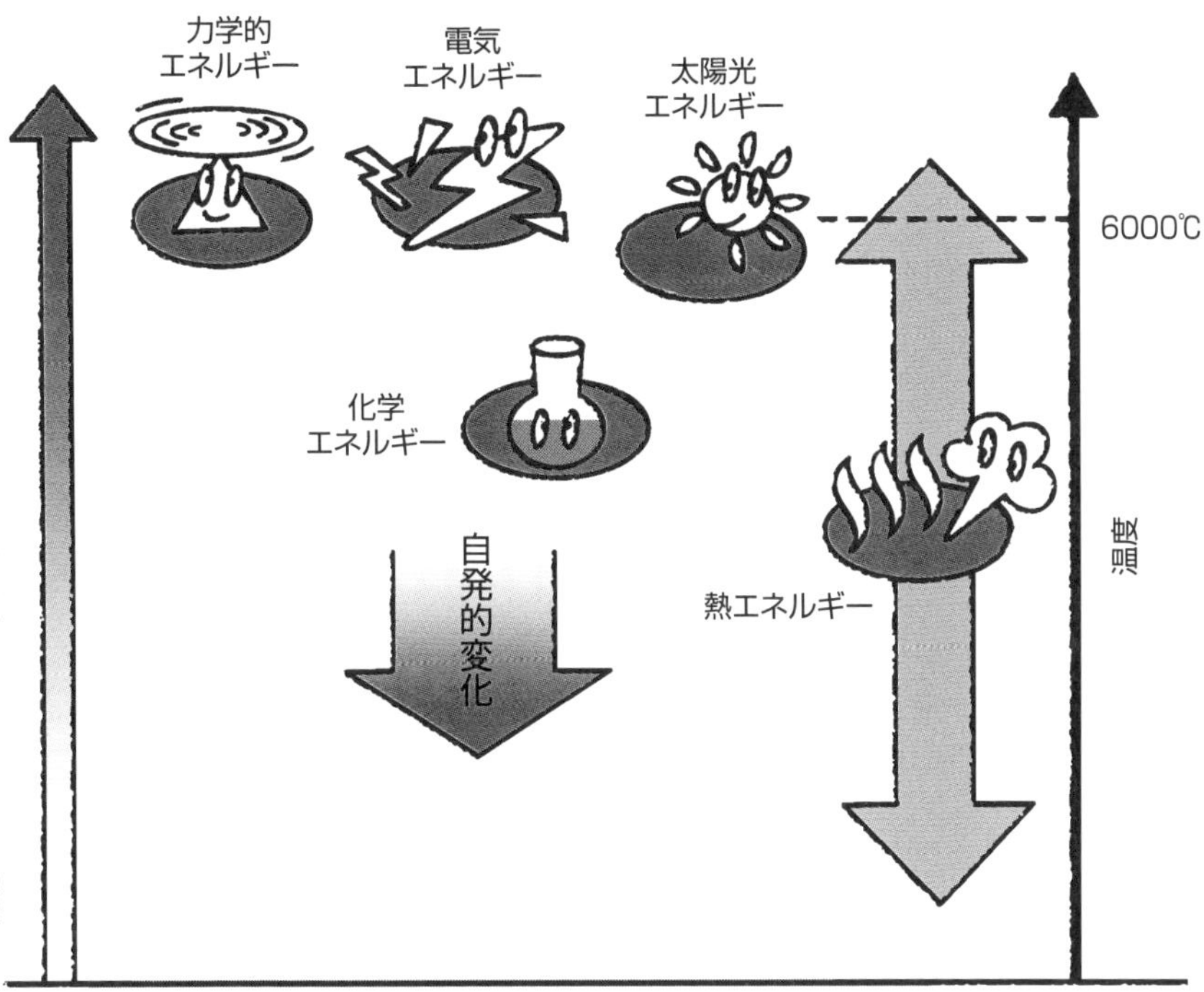

27 エントロピーが減ってる?

冷蔵庫はコンセントを入れないと動かない

エネルギーの質が悪くなると、全体のエントロピーが増大しやすいので、その変化は自然に起こりやすいと言ってよいことがわかりました。でも、私たちの身の周りでは、一見、その質の低下に逆行しているような現象や技術があります。

たとえば、冷蔵庫やクーラを考えてみましょう。冷蔵庫は、庫内を冷たく保つために、周りよりも冷たい庫内から、さらに熱を取り去り、冷たさを保持しています。つまり、エネルギーの流れとしては、低温部の熱→高温部の熱になっています。これは自然に起こる、高温部の熱→低温部の熱に逆行しています。エントロピーでいうと、この現象だけみると、エントロピーが減少しているようです。なにかおかしいですね。

エントロピーは「全体を考えないといけない」ことを思い出しましょう。そして、冷蔵庫は、コンセントを入れないと動かないことも。冷蔵庫を動かすには、電気エネルギーが必要なのです。電気エネルギーは、質の良いエネルギーです。その質の良いエネルギーを使って、冷媒と呼ばれる、低温で熱を吸収する物質と、それを圧縮するコンプレッサをうまく使って、低温部で熱を吸収し、高温部で熱を放出させて庫内を冷やしています。冷蔵庫の後ろを触ってみてください。少し温かいはずです。あれは、電気エネルギーと低温で吸収した熱を、熱としてまとめて捨てているからです。電気エネルギーも結局は熱になっています。そして、全体として、必ずエントロピーは増大しています。これが「エントロピー補償」という考え方です。つまり、低温部の熱→高温部の熱という、それだけみれば、エントロピーが減少する変化を、電気エネルギー→熱という、自発的に起こりやすい、エントロピーの増加が大きい変化と組み合わせることにより、全体としてエントロピーが増大するようにして、変化を進ませているのです。全体としてエントロピーが増大すればよいので、ある部分では減少してもかまわないのです。

要点BOX

- 全体のエントロピーが増大すればよい
- 冷蔵庫は質の良い電気エネルギーを使っている
- 「エントロピー補償」という考え方

全体を見ないとダメ

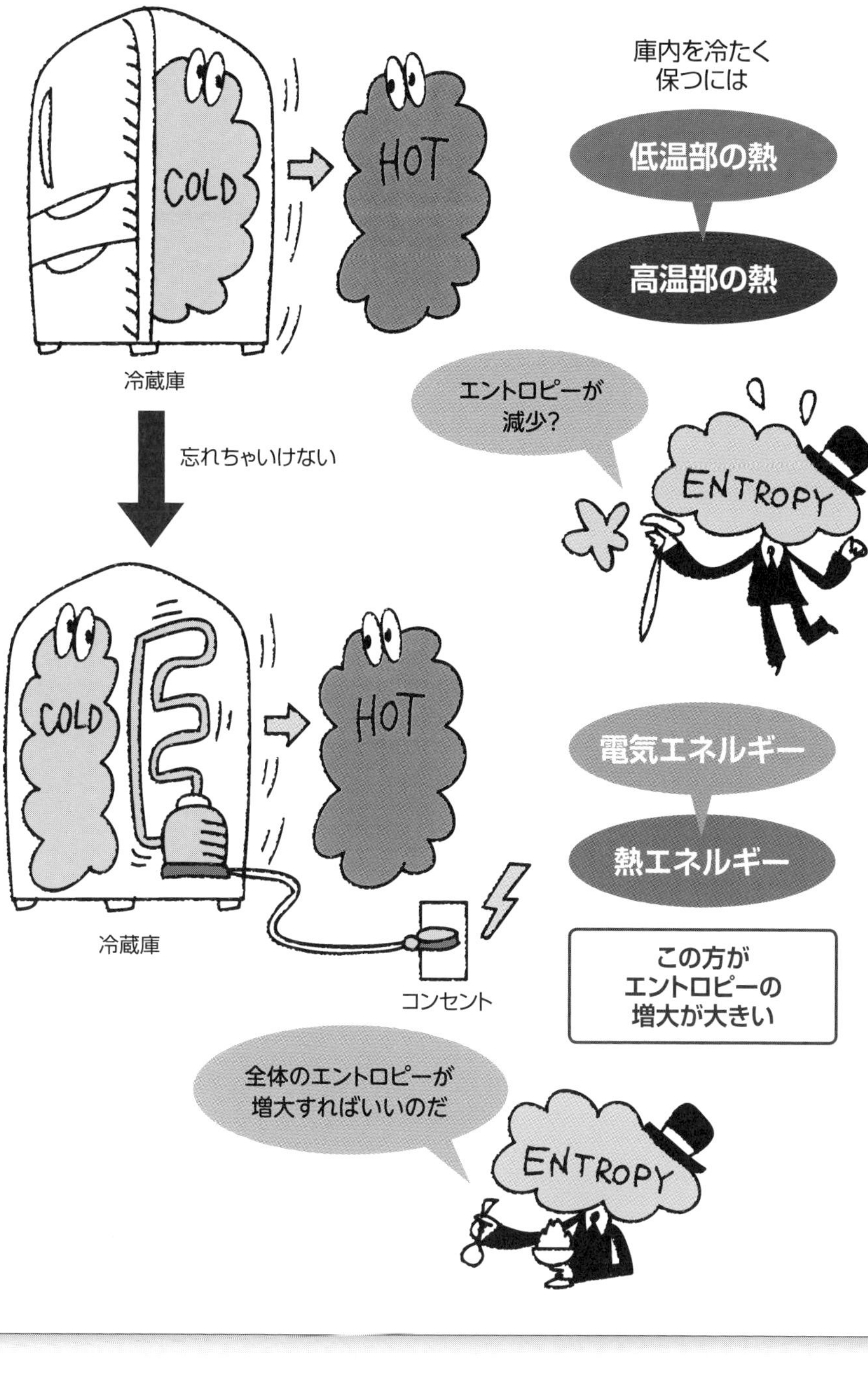

COLD
HOT
庫内を冷たく
保つには
低温部の熱
高温部の熱
冷蔵庫
エントロピーが
減少?
ENTROPY
忘れちゃいけない
COLD
HOT
電気エネルギー
熱エネルギー
冷蔵庫
コンセント
この方が
エントロピーの
増大が大きい
全体のエントロピーが
増大すればいいのだ
ENTROPY

28 全体で質が悪くなればそれでよい

エネルギーの質の低下による補償

火力発電所のエネルギー変換と質の変化を考えてみましょう。まず、エネルギーは何もないところからは産み出せないので、エネルギー源として石油を使います。つまり、石油のもつ化学エネルギーを利用します。

そして、石油をボイラで燃やします。つまり、化学エネルギー→熱エネルギーの変換を行います。なんと、質の悪い熱エネルギーに一気に換えてしまうわけです。ただし、ボイラはそれなりに高温の６００℃程度の熱になります。そして蒸気タービンと発電機を使って、電気エネルギーを取り出し、最後は低温部（環境温度）へ熱を大量に捨てています。

このように、いったん熱エネルギーに換えてしまったのに、ちゃんと電気エネルギーとして取り出しています。ここだけ見れば、熱エネルギー→電気エネルギーの質の向上です。なぜ起こってよいのでしょうか。それはやはり、「全体として」エネルギーの質が悪くなればよいからです。つまり、熱エネルギー→電気エネルギーの質の向上よりも、もっと質が悪くなる変換があれば起こっていいのです。それが「高温部の熱→低温部の熱の質の低下」です。

高温部の熱→低温部の熱という質の低下が必要であるため、化学エネルギーから得られた熱を、すべて電気エネルギーに換えて取り出すことはできません。実は、最新の火力発電所でも電気エネルギーとして取り出せるのは60%なのです。日本の火力発電所の平均では50%弱程度でしょう。つまり、燃やした石油のもつ化学エネルギーのおよそ半分を電気エネルギーとして取り出していて、残り半分は質の悪い熱エネルギーとして捨てていることになります。たった半分という感じではありませんか。でも、必ず全体として質が悪くならないといけないので、理想的にもこの程度が限界なのです。つまり、エネルギーの質の向上を目的とする変化は必ず効率が悪くなるといえます。

要点BOX

- ●もっと質が悪くなる変換があれば起こっていい
- ●火力発電所は半分くらいの化学エネルギーを熱として廃棄

全体で辻褄があえばよい

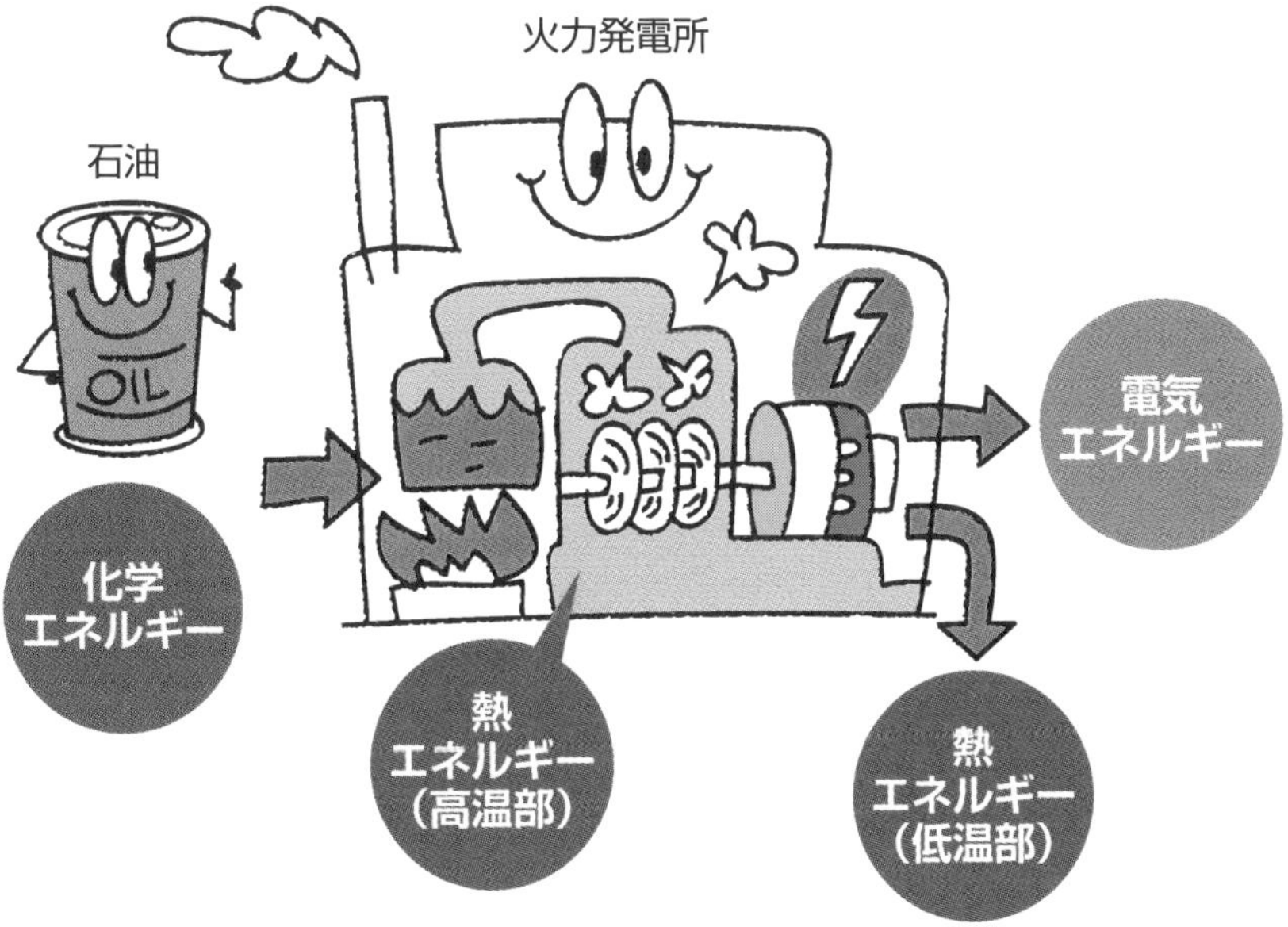

熱エネルギー → 電気エネルギーだけみると、
エントロピーは減少

しかし

高温部の熱 → 低温部の熱で
それ以上のエントロピーの増大

29 エネルギーの質だけじゃない

物質は広がっていく

これまでエネルギーの質を考えてきましたが、エネルギーの質の低下だけで、すべての現象の変化の方向性が説明できるのでしょうか。お椀《わん》の中の水に水性インクを1滴たらしてみましょう。水性インクはどんどんひろがっていきます。「始状態Ⅰ」は水性インク1滴とお椀の中の水で、「終状態Ⅰ」はお椀の中の水にインクが全体に広がっている状態です。あきらかにこの変化は自然に進みます。

ところが、実は、エネルギー的には、「始状態Ⅰ」と「終状態Ⅰ」はほとんど変わりません。つまり、エネルギーの質の低下を伴っていません。それにもかかわらず、自然に起こります。つまり、全体のエントロピーを増大させるのは、エネルギーの質の低下だけではないということです。冷蔵庫の場合は、電気エネルギーを考えるのを忘れると、エントロピーが減少しているように見えてしまいましたが、今の場合は、他に忘れていることはなさそうです。

他にもあるでしょうか。たとえば、部屋に置いてある芳香剤を考えてみましょう。芳香剤でもなんでも、匂いの元が、部屋のある場所に固定されているとしましょう。特に部屋の空気を激しくかき回さなくても、ほんのり匂ってきませんか。匂いの元が1カ所に集まっているのが「始状態Ⅱ」、部屋に拡散していって全体に広がっているのが「終状態Ⅱ」です。この場合も、「始状態Ⅱ」と「終状態Ⅱ」エネルギー的にあまり変わりません。それでも、この状態変化は自然に起こります。

水性インクと匂いの現象に共通な要因はいったい何でしょう。水性インクは1滴だったのが、お椀の水全体に広がりました。1カ所にあった匂いも部屋全体に広がっています。どちらも、物質が存在する領域(空間)が広がっています。どうやら、エネルギーの質の低下が関係しない場合には、物質が存在する空間が広がる方向に、変化は自然に進むといってよさそうです。

要点BOX

- ●エネルギーの変換を伴わない現象もある
- ●変化は物質が存在する空間が広がる方向に、自然に進む

エネルギーの質では説明できない

「始状態Ⅰ」

「終状態Ⅰ」

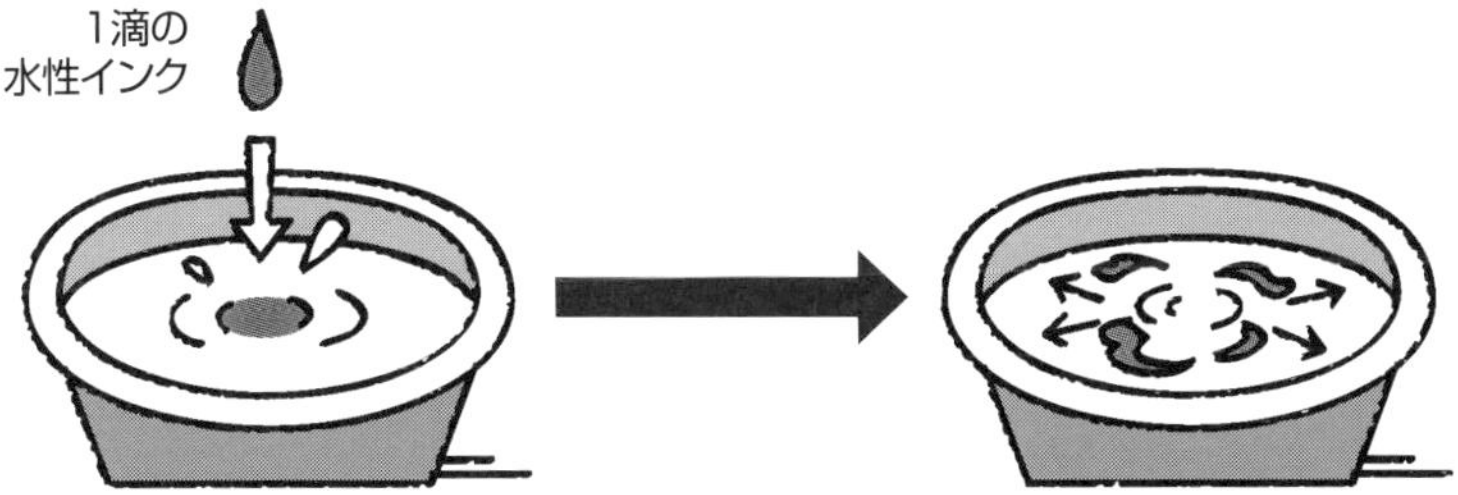

お椀の中の水

水性インクが広がって
水にうすく色がつく

「始状態Ⅱ」

「終状態Ⅱ」

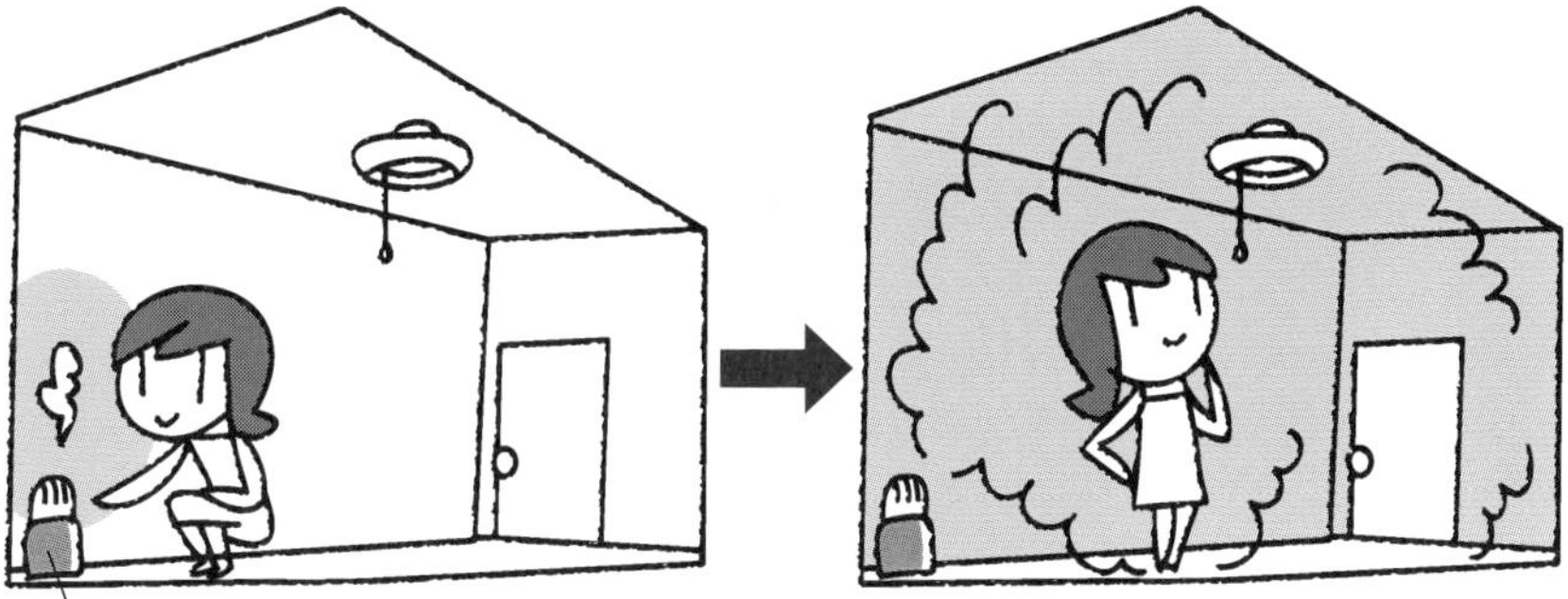

芳香剤

エネルギーはほとんど同じ

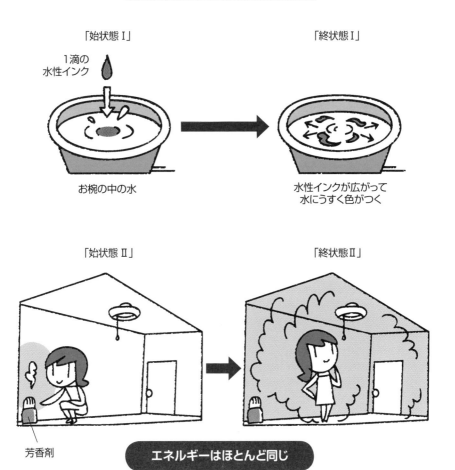

30 全体のエネルギーの質が良くなってもいい？

熱のエントロピーを物のエントロピーで補償

瞬間冷却剤をご存知でしょうか。袋に薬剤が入っていて、袋を叩いて中の薬剤を混ぜると急激に温度が下がって冷却に使えるという優れモノです。この変化に伴うエネルギー変換を考えましょう。温度が下がるのは、熱を吸うからで、袋の中では化学変化つまり熱エネルギー→化学エネルギーの変換が起こっています。なんと、エネルギーの質が良くなっているではありませんか。

冷蔵庫やクーラでは、低温部の熱→高温部の熱のエネルギーの質の向上を、電気エネルギー→熱エネルギーというより大きなエネルギーの質の低下で補償していました。しかし、瞬間冷却剤では、袋を叩いて薬剤を混ぜただけで、そのエネルギーの質の向上を補償する他のエネルギー的な要因は無さそうです。やっぱり、これは冷蔵庫やクーラと違って、全体としてエネルギーの質が良くなっていそうです。

どうしてそんなことが許されるのでしょうか。実は、袋の中で起こっている化学変化に秘密があります。袋の中では、硝酸アンモニウムという薬品と水が、最初は別々に入っています。それを叩くことによって、混ぜているのです。この硝酸アンモニウムは水に溶ける時に熱を吸収するのです。溶けるという現象は、固体の硝酸アンモニウムがバラバラになって、水の中を動き回るようになることです。固体がバラバラになるためには、熱が必要で、そのために熱を吸収します。また溶けた後は、硝酸イオンとアンモニウムイオンに分かれて、それぞれが存在する空間を広げています。硝酸アンモニウムが自然に水に溶けるのは、「吸熱」という、エネルギーの質が良くなる、自然には起こらない変化を、物質の存在空間の拡大という自然に起こる変化で補償しているからです。エネルギーの質の向上に伴うエントロピーの補償は、なにも、よりエネルギーの質を悪くするだけでなく、もう1つの物質の存在空間の拡大によっても行うことができるのです。

要点BOX

- ●エネルギーの質だけでは決まらない
- ●物質の存在空間の拡大でも補償できる
- ●瞬間冷却剤は熱を吸い温度が下がる

物質の存在空間が広くなる

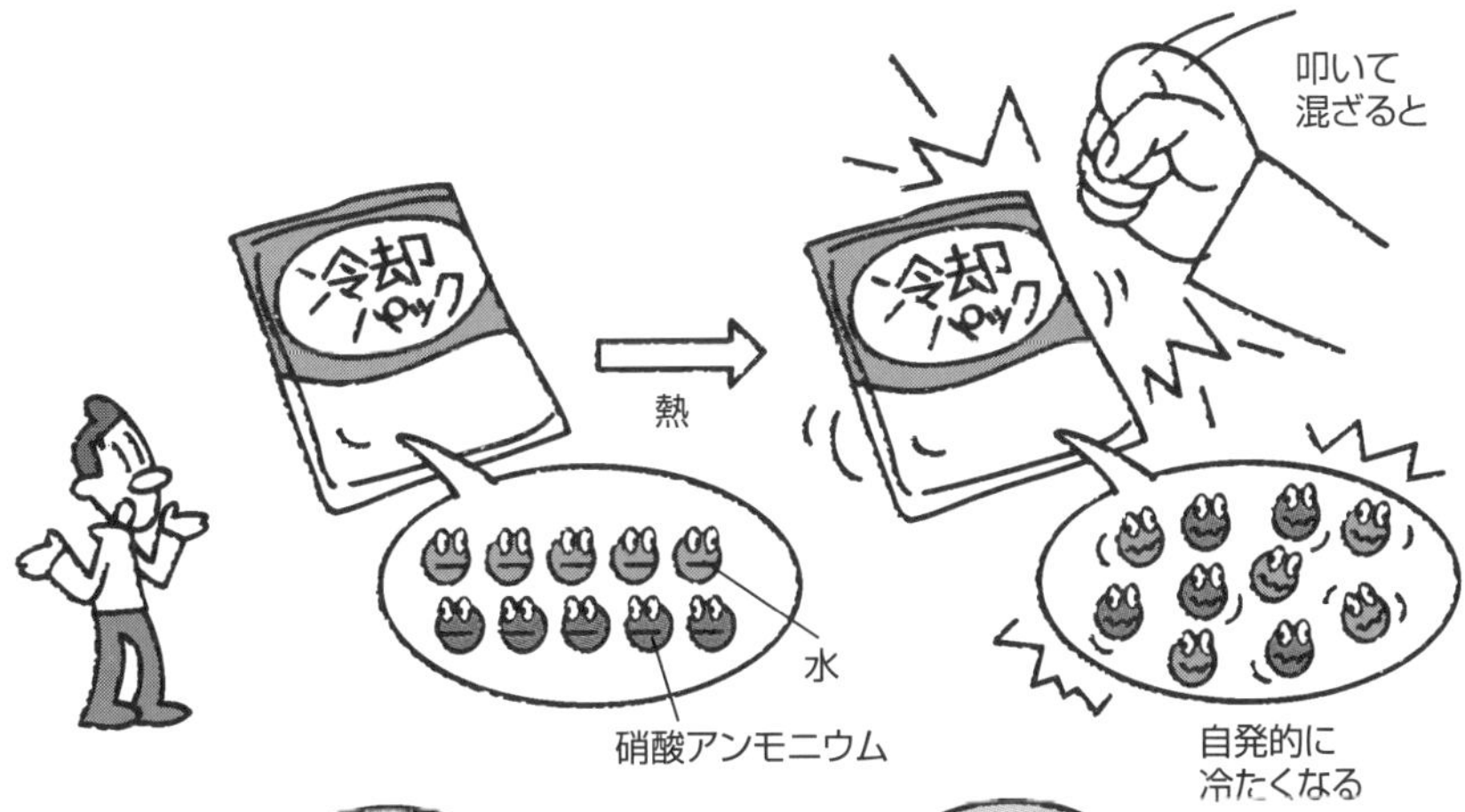

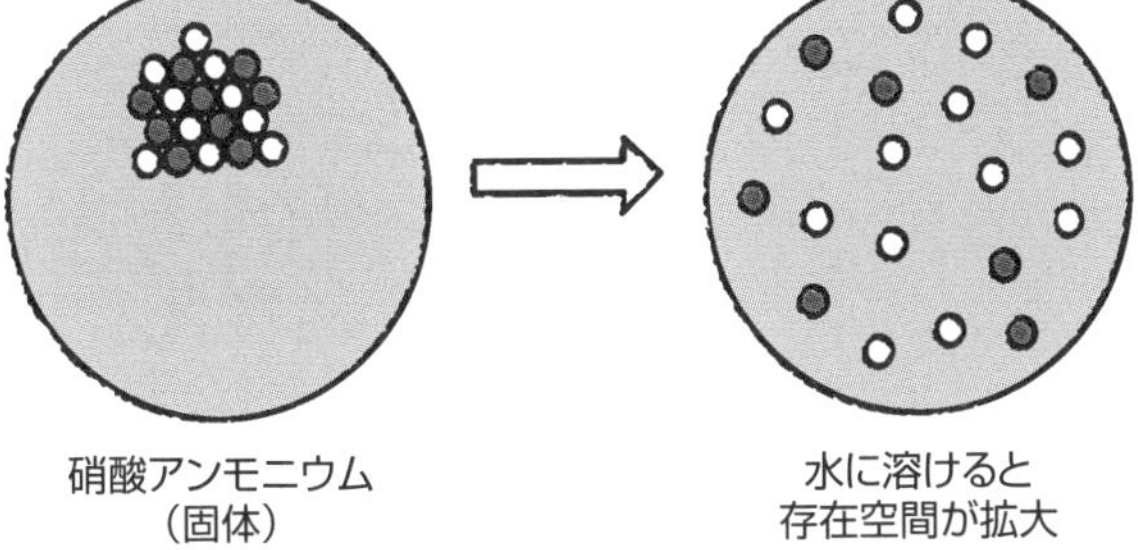

吸熱～エネルギーの質の向上 → **エントロピーの減少**

物質の存在空間の拡大 → **エントロピーの増大**

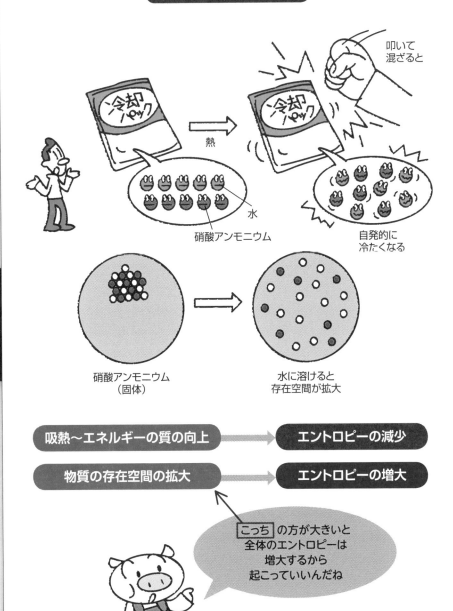

31 熱のエントロピーは物質のエントロピーに換えられる

水の沸騰は熱のエントロピーを物に変換

世の中には反応が進むと熱を吸う変化、つまり「吸熱反応」があります。これは熱エネルギー→化学エネルギーという、エネルギーの質の向上を伴う変化です。身近なところでは、炭酸水素ナトリウム（重曹）とクエン酸を水中で混ぜると、盛んに気泡（二酸化炭素）を出しながら反応して、吸熱します。気体が発生するので、物質の存在空間は広がっています。そして、他のエネルギーの質の低下は伴っていません。

このように、エネルギーの質の向上に伴うエントロピーの減少は、物質の存在空間の拡大に伴うエントロピーの増大で補うことができます。このエネルギーのエントロピーと、物質のエントロピーの変換を典型的に表しているのが「水の沸騰」です。

ヤカンに入れた水は、地表付近の大気圧下では100℃で沸騰します。水を沸騰させる時、常に加熱が必要です。沸騰というのは、水が水蒸気になる変化ですが、その変化は熱の吸収を伴います。熱を吸収して、自分の状態を変えるので、熱エネルギー→化学エネルギーと言えます。これはエネルギーの質の良くなる変化です。それを補償するために、液体だった水が水蒸気という気体に変化して、その存在空間は飛躍的に増加しています。これを、もの（水）のエントロピーが増大することで、エネルギーのエントロピーの減少を補っていると理解します。

どれくらいか、数値で見てみましょう。エントロピーはジュール／ケルビン（J／K）という単位で表されます。まったくピンと来なくてもかまいません。たとえば、水15ミリリットル（mL、大さじ一杯分）が水蒸気になると、その時、エネルギーの質の向上に伴い、エントロピーは90J／K減少し、水蒸気になったので物質（水）のエントロピーは同じく90J／Kだけ増大します。

エネルギーの質の向上と物質の存在空間の拡大という、一見無関係な現象を数値にできるのは、すごいことですね。

要点BOX

- ●吸熱反応はエネルギーの質が向上
- ●沸騰は存在空間が拡大
- ●エントロピーの単位は「J/K」で表される

熱と物、エントロピーは自由自在

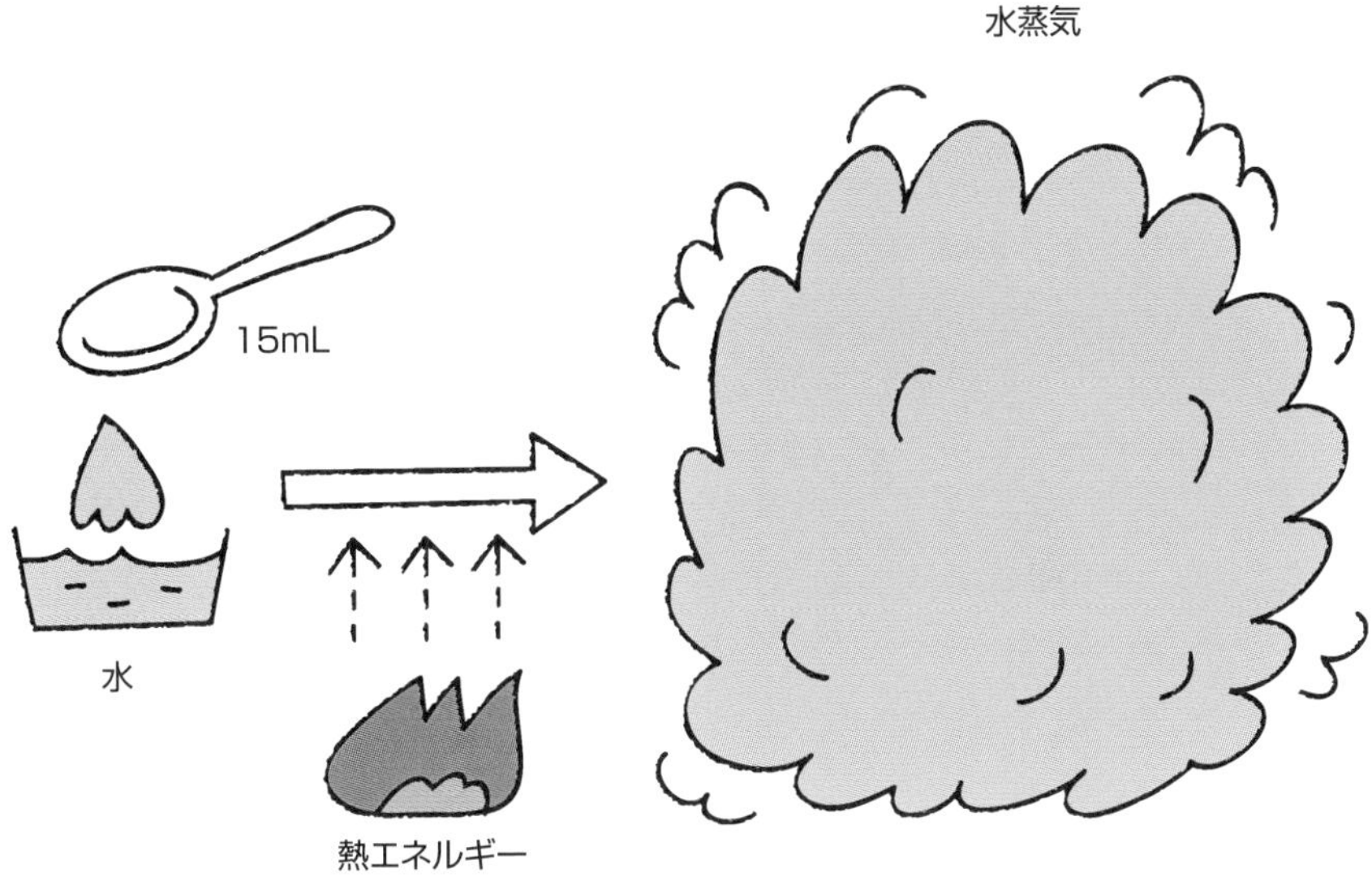

熱エネルギー → 化学エネルギー : 90J/K減少

水 → 水蒸気 : 90J/K増大

32 エントロピーを変化させる要因は2つ

物質のエントロピーも熱のエントロピーに換えられる

水蒸気は冷めてくると凝縮して水になります。たとえば、大気中の水蒸気は、大気上空で冷やされて凝縮して水になり、それがまとまると雨になって降ってきます。「凝縮」は、水蒸気→水の状態変化であり、物質の存在領域は極端に減少するので、物質にかかわるエントロピーは減少しています。その代わり、凝縮する際に、熱を放出します。つまり、化学エネルギー→熱エネルギーで、エネルギーの質の低下に伴うエントロピーは増大しています。この場合は、物質の状態変化に伴うエントロピーの減少が、エネルギーの質の低下に伴うエントロピー増大によって補償されています。

このように、エントロピーを変化させる要因として、エネルギーの質と、物質の存在空間の広さの2つがあることがわかりました。すなわち、エネルギーの質が低下する変化に伴って、エントロピーは増大します。また、物質の存在空間が広がる変化に伴って、エントロピーは増大します。とにかく、自発的な変化は、全体のエントロピーが増大する方向に起こるので、その変化が自然に進むがどうかは、これら2つの要因の兼ね合いで決まるのです。

携帯用カイロで、中の鉄粉が酸素と触れて錆びる時に熱を出します。これは化学エネルギー→熱エネルギーでエネルギーの質は悪くなっています。しかし、物質の存在空間という観点からみると、自由に大気中を飛び回っている酸素分子は、鉄と反応して固体の酸化鉄として固定されてしまいます。すなわち、反応に関与する物質の存在空間は減少しています。これは物質のエントロピーとしては、減少することになります。つまり、鉄が自然に錆びるのは、物質の存在空間は減少して、もののエントロピーは減少しますが、それよりも、発熱によるエネルギーの質の低下に伴うエントロピーの増大の方が大きいために起こるといえます。

要点BOX

- ●エネルギーの質と物質の存在空間の広さ
- ●発熱反応はエネルギーの質の低下が支配
- ●携帯用カイロが熱を出すしくみ

エントロピーはエネルギーと物質の両方でわかる

エントロピーを変化させる要因

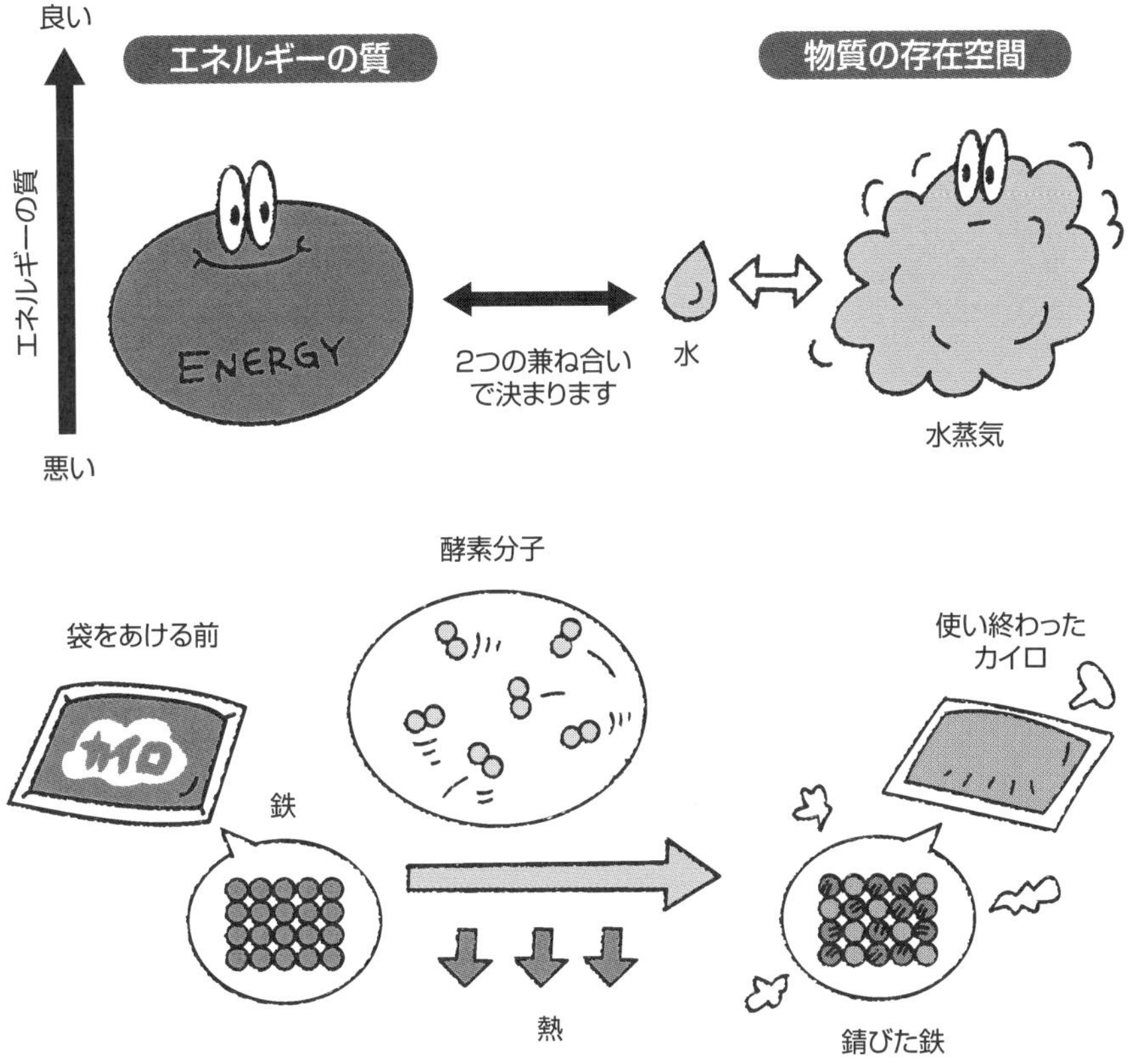

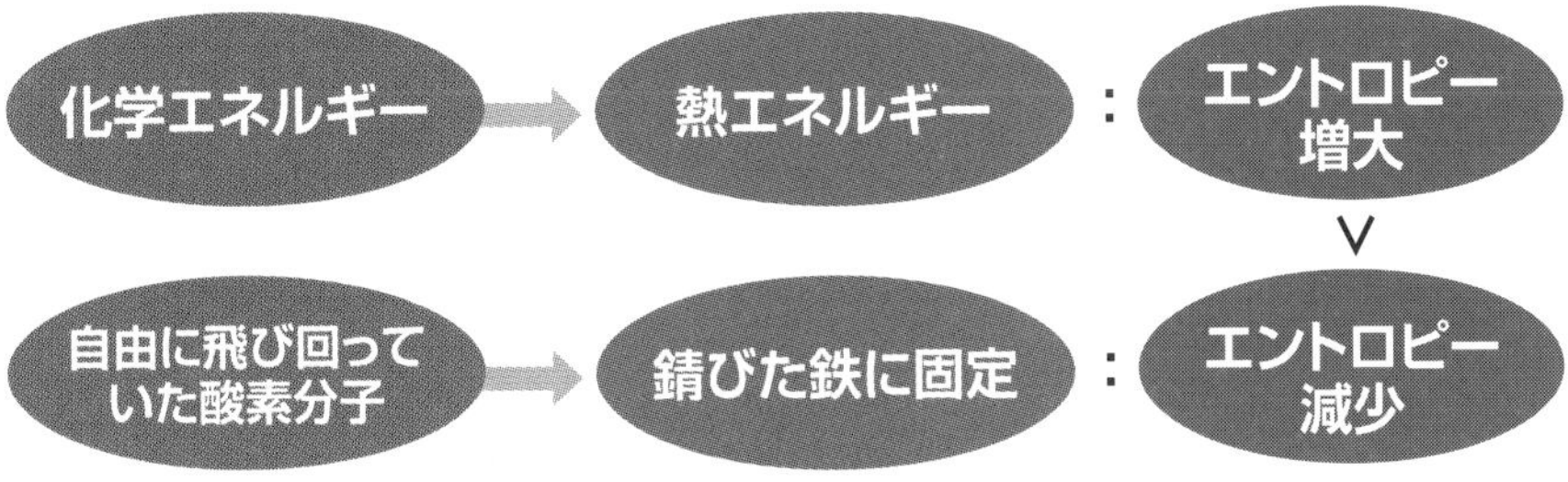

33 エントロピーを考える意味

関係の無い2つの現象を1つの概念で扱える

エネルギーの質と物質の存在空間の広さは、根本的に、まったく関係の無いことですね。そして、エネルギーの質が低下するとエントロピーが増大し、また、物質の存在空間が拡大するとエントロピーが増大します。それらもまた、根本的に、お互いに関係ありません。しかしながら、それらが同時に起こるような変化、たとえば化学変化などの場合には、それらの変化に伴うエントロピー変化の総和、すなわち全体のエントロピーが必ず増大する方向にのみ、変化は自然に進行するのです。世の中の物質は、エネルギーの質と、物質の存在空間の広さとの兼ね合いで、どちらに変化できるかということを知っているのです。

エネルギーの質と物質の存在空間の広さという、全く関係のない現象が、エントロピーという1つの物理概念でまとめて取り扱えることはすごいことです。そこにこそ、エントロピーの真骨頂があるといっていいでしょう。

自然の変化の方向性をエントロピーでまとめてみましょう。まず、全体のエントロピーが増大する方向にのみ変化は進みます。全体のエントロピーが減少する方向には、絶対に進みません。そして、エントロピーを増大させる要因は2つあります。1つは、「エネルギーの質の低下」で、もう1つは、「物質の存在空間の拡大」です。したがって、すべての変化の方向性は、このエネルギーの質の変化と物質の存在空間の広さの変化の兼ね合いで決まることになります。物質の存在空間の広さの変化が関係ないような現象の場合は(モーターや発電機、転がるボールなど)、エネルギーの質だけで変化の方向性が決まります。ただし、この時も、全体としてエネルギーの質が低下すればよいので、部分的に質の向上を伴ってもかまいません。エネルギーの変化を全く伴わない現象はあまり無いのですが、その場合は物質の存在空間の拡大のみで変化の方向性が決まります。

要点BOX

- ●2つの要因を1つの概念で取り扱える
- ●エネルギーの質と、物質の存在空間の広さとの兼ね合い

エントロピーの真骨頂

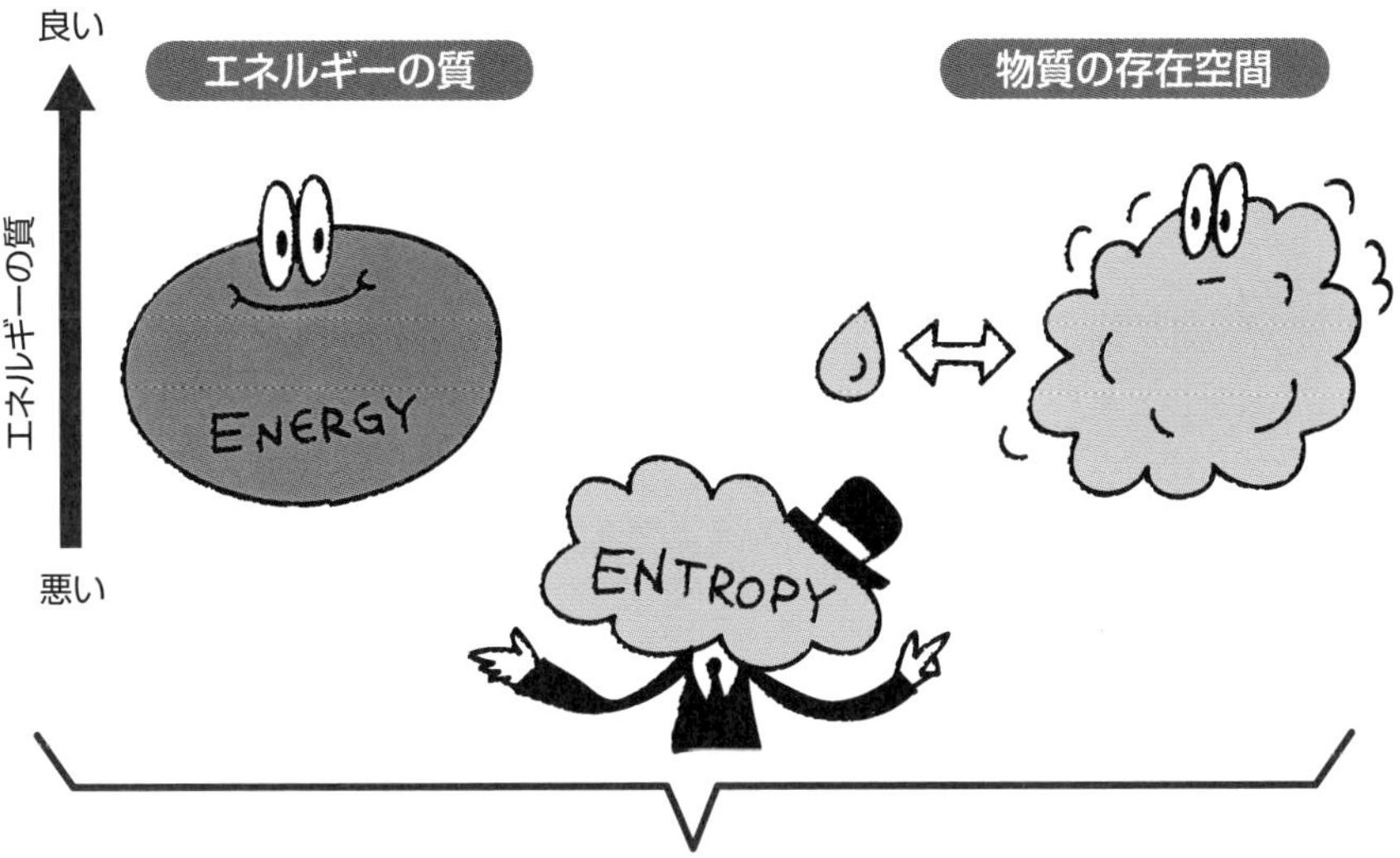

まったく関係ない現象なのに
どちらもまとめて
「エントロピー」で取り扱える

34 エントロピーの変化量はこれくらい

数値で見るエントロピー変化

エントロピーに慣れて感覚的につかむために、変化したおおよその量を求めておきましょう。

「エネルギーの質の低下のみ」

①コップに80℃のお湯１００mLを入れて、15℃の周りに置いておくと、自然に冷えて15℃になった。この高温部の熱→低温部の熱の移動に伴って、エントロピーは10Ｊ／Ｋ増大する。

②１２００ワット（Ｗ）のドライヤを、周りの温度20℃のもとで、10分間使うと、電気エネルギー→熱エネルギーの変化に伴い、２５００Ｊ／Ｋのエントロピーが増大する。

「エネルギーの質の低下＞物質の存在空間の減少の場合」

③携帯用カイロにおよそ50ｇの鉄粉が使われているとして25℃の環境で使うと、使い終わるまでに、化学エネルギー→熱エネルギーの変化に伴い、１３８０Ｊ／Ｋのエントロピーが増大する。その時、物質の存在空間の減少に伴い１４０Ｊ／Ｋのエントロピーが減少する。そのため全体として、１２４０Ｊ／Ｋのエントロピーが増大する。

「物質の存在空間の拡大＞エネルギーの質の向上の場合」

④25℃の環境で、80ｇの硝酸アンモニウムの粉末を大量の水に溶解させると、硝酸イオンとアンモニウムイオンに分かれて存在空間が広がり、それに伴いエントロピーが１０８Ｊ／Ｋ増大する。一方、吸熱するので、エネルギーの質は向上してエントロピーは94Ｊ／Ｋ減少する。全体として、14Ｊ／Ｋのエントロピーが増大する。

全体のエントロピー変化が大きいからといって、変化の速さとはまったく関係ありません。ただ、全体のエントロピー変化が大きいほど、変化した後の状態はそれだけ元の状態から離れているといえます。

要点BOX

- 自然に進む変化は全体のエントロピーが増大
- 全体のエントロピー変化の大きさと、変化の速さとはまったく無関係

エントロピーに慣れよう

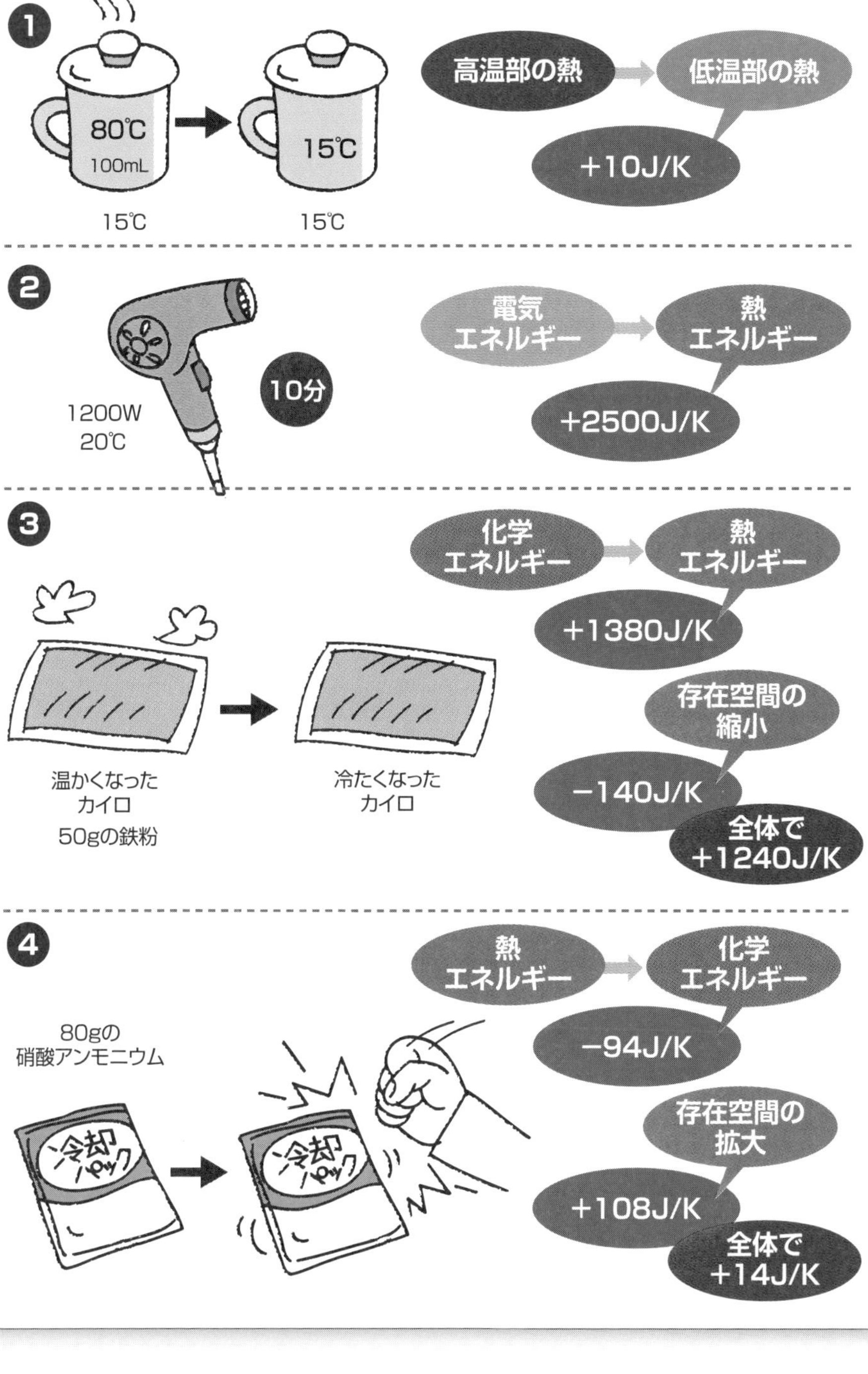
1
80℃
100mL
15℃
15℃
15℃
高温部の熱
低温部の熱
+10J/K
2
1200W
20℃
10分
電気
エネルギー
熱
エネルギー
+2500J/K
3
温かくなった
カイロ
50gの鉄粉
冷たくなった
カイロ
化学
エネルギー
熱
エネルギー
+1380J/K
存在空間の
縮小
−140J/K
全体で
+1240J/K
4
80gの
硝酸アンモニウム
冷却
パック
熱
エネルギー
化学
エネルギー
−94J/K
存在空間の
拡大
+108J/K
全体で
+14J/K

35 結局すべてはエントロピー

悟りの第3段階へ

本章を読んで、エントロピーの考え方を理解していただけたと思います。みなさんが、自然現象について話をする時、ある変化が自然に起こったならば、それは「全体のエントロピーが増大したから起こったんだ」と言ってください。これは、絶対に間違っていません。そして、その現象をよく見てください。必ず、全体としてエネルギーの質が低下しているか、物質が関係している場合は、物質の存在空間が拡大しているはずです。

それに対して、ある変化が起こらない場合には、全体のエントロピーが減少するために起こらない場合と、エントロピー的には起こってもいいのだけど、速度が遅くて実質的に起こらないという2つの場合があります。ですから、起こらない場合には注意が必要です。しかし、この場合も、その現象をエネルギーの質の変化と、物質の存在空間の広さの変化という立場でよく見ることにより、起こらない理由が明らかとなるでしょう。みなさんはエントロピーを学ぶことにより、自然の変化の方向性の本質を理解したのです。

ただし、なぜエネルギーの質が低下する方向に起こるのか、なぜ物質の存在空間が広がる方に起こるのかということについては、わかっていません。これはわかる必要はありません。世の中はそうなっているのですから。

1章で、悟りには3段階あると言いました。今みなさんは、第2段階の「山を見るに是れ山にあらず、水を見るに是れ水にあらず」の域に達したはずです。すべての変化をエントロピーの観点でとらえることができるようになったからです。

次章からは、環境問題や身近な化学現象などをエントロピーの観点から取り上げ、現象の個別性と普遍性がとらえられるようになりましょう。それが悟りの第3段階です。悟りを開けるように、続けて学んでいきましょう。

要点BOX
- ●自然の変化の方向性の本質を理解した
- ●今は悟りの第2段階
- ●現象の個別性と普遍性をとらえる

悟りの第2段階は修了

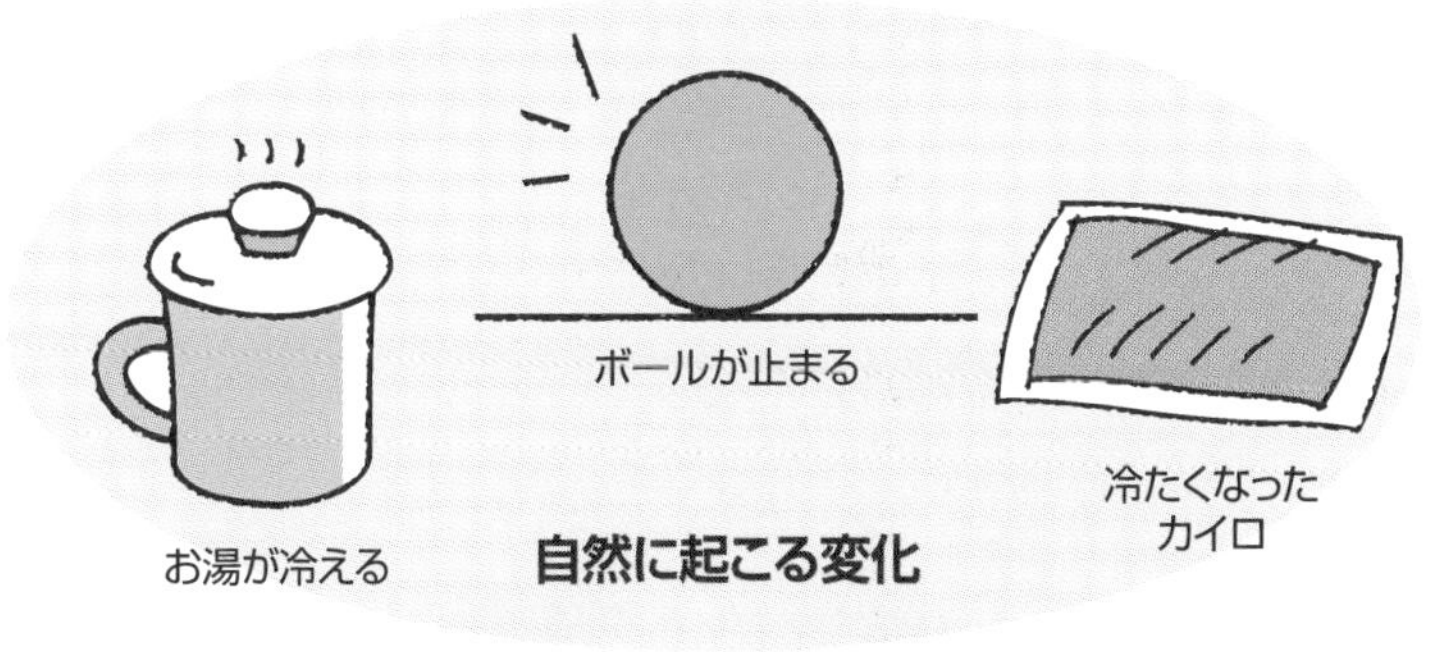
ボールが止まる
冷たくなった
カイロ
お湯が冷える
自然に起こる変化

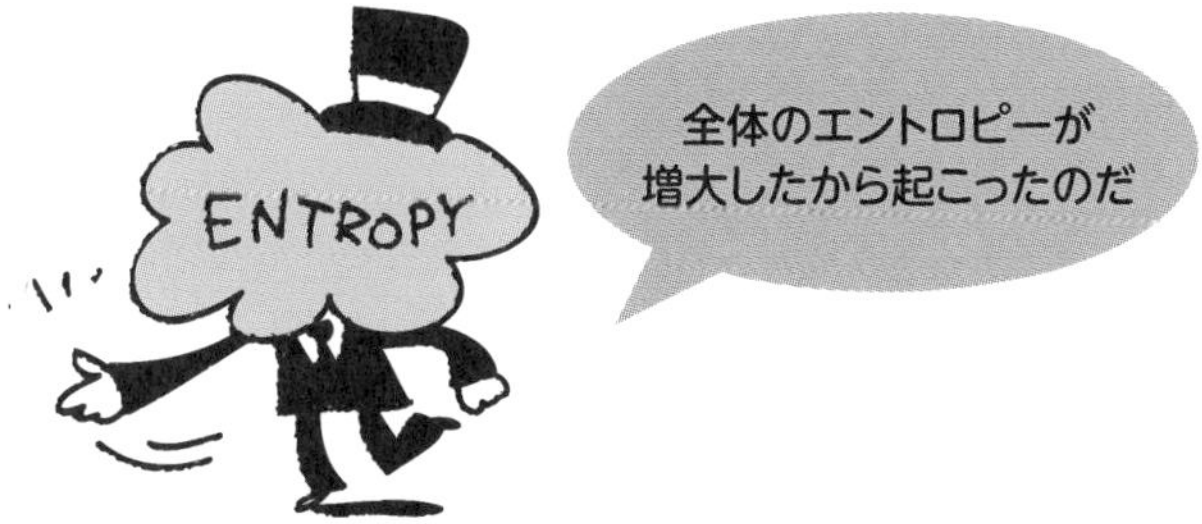
ENTROPY
全体のエントロピーが
増大したから起こったのだ

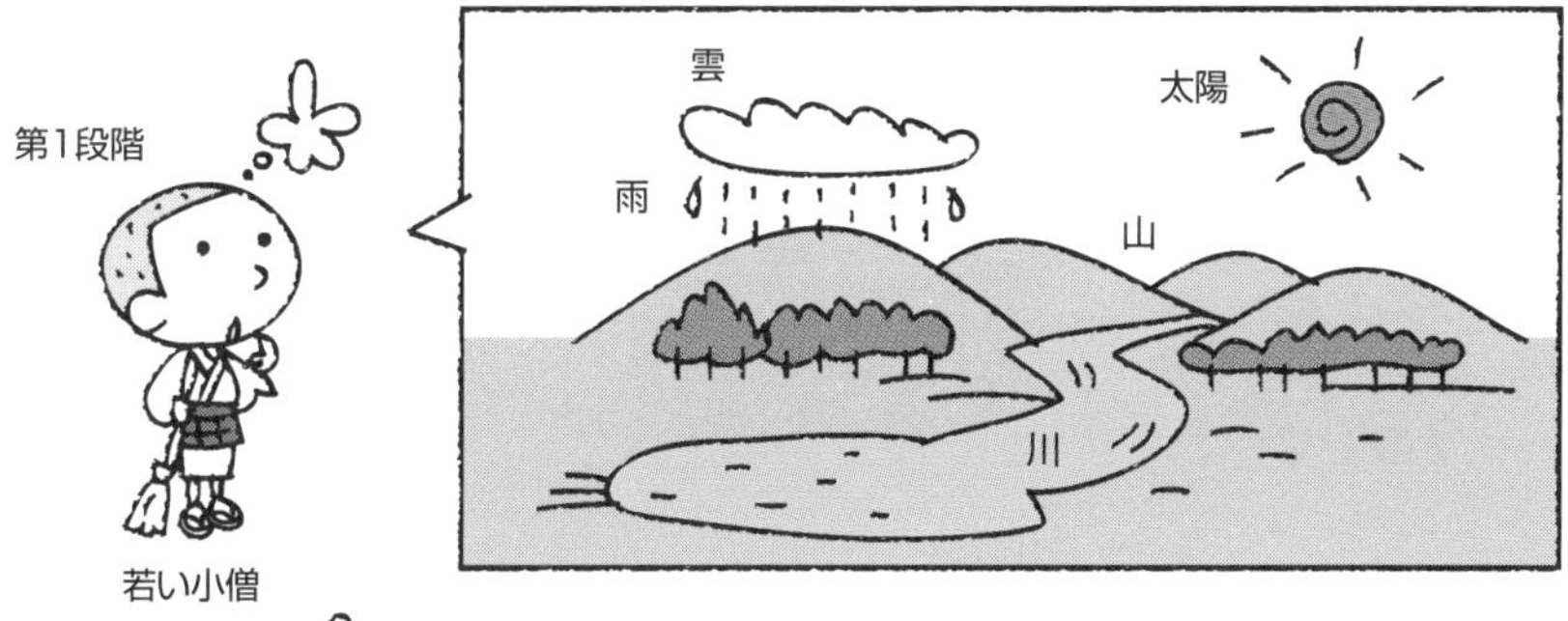
第1段階
雲
太陽
雨
山
川
若い小僧

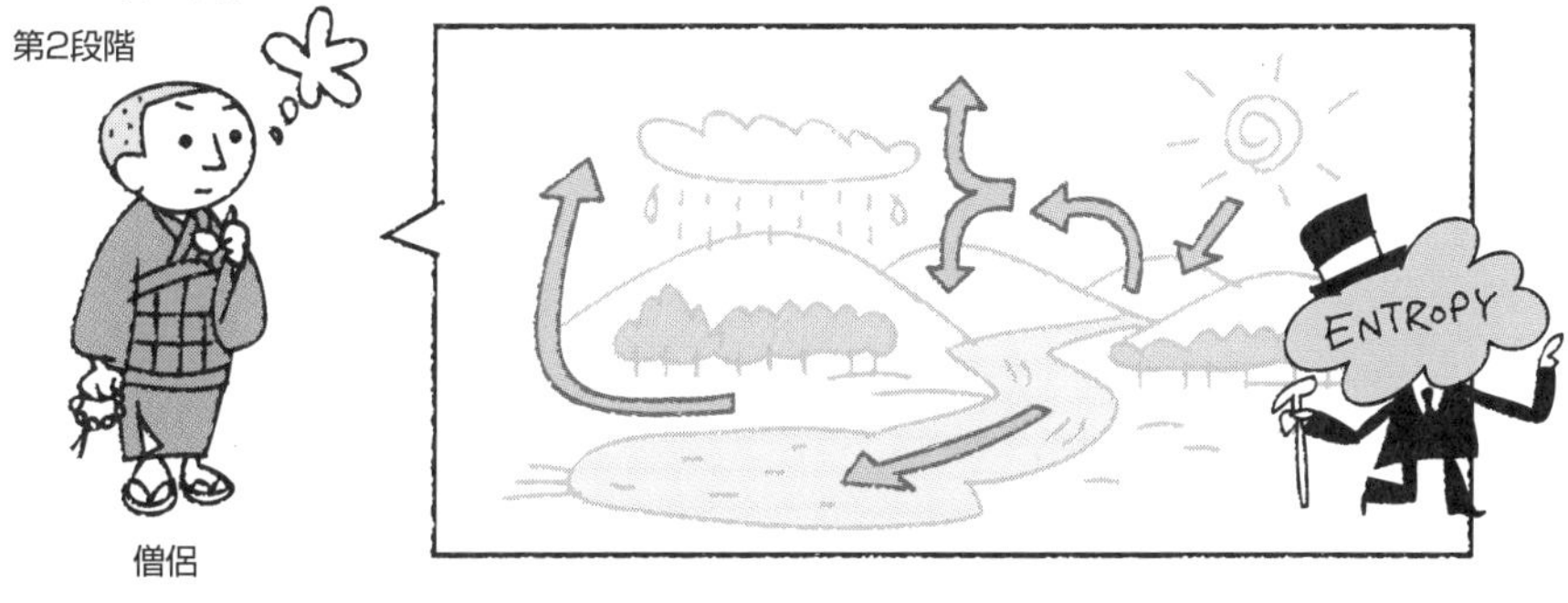
第2段階
ENTROPY
僧侶

Column

エントロピーが増大しない体積膨張もある

物質のエントロピーは、その物質の存在する空間が広がると増大すると説明してきました。存在する空間は、純物質の場合は、そのもの自体の体積になるので、体積膨張に伴ってエントロピーが増大すると言えるでしょう。しかし実は、いつでも体積膨張するとエントロピーが増えるかというとそんなことはないのです。例外は、「気体の断熱可逆膨張」と呼ばれる変化です。現実の世界では厳密には起こり得ない変化なのですが、理論的にはあり得ます。

断熱というのは、その字のごとく「周りと熱のやり取りをしない」ということです。そして、可逆というのは「膨張する時に自分の圧力と周りの圧力がほぼ等しい状態で行う」ことを意味します。気体が膨張するということは、そもそも自分の圧力の方が、周りの圧力より高い時に起こる変化です。でないと膨張しません。しかし、可逆の時は、その差をできるだけ小さくして、少しずつ膨張させていくような過程になります。この時、気体の温度は下がり、エントロピーは変化しません。ですから、厳密には、物質の存在空間が拡大したからといってどんな時も必ず、物質のエントロピーが増大するとは言えません。

しかし、われわれの身の周りで起こる変化は、環境温度で行われることが多く、熱のやり取りをすることがほとんどです。また圧力が自分と周りで釣り合って変化することはありません。そこで、本書では「存在空間が拡大すると物質のエントロピーが増大する」としました。

第4章

身近な現象や技術をエントロピーで見ると

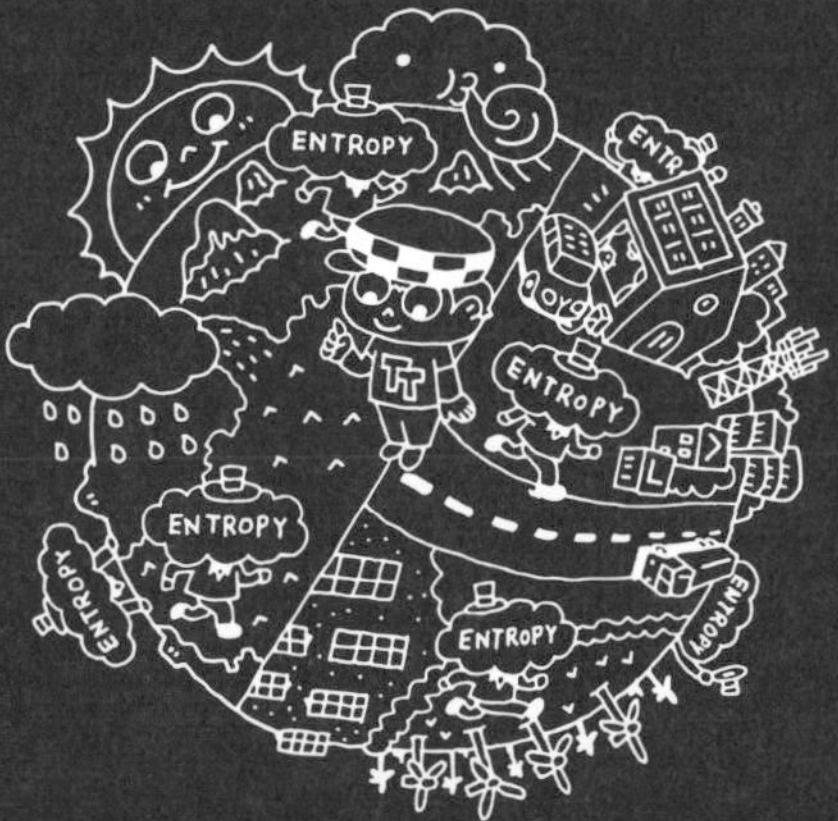

36 すべての変化は自然に起こる

人間もエントロピーの法則から逃れられない

　まず、はっきりとさせておきたいことがあります。それは「自然に起こる」という意味です。本書では、私たちが体験する変化はすべて、「自然に」起こるという立場をとります。たとえ、人為的な操作をしていたとしても、それも含めて「自然に起こる」とします。そして「自然に起こる」変化に伴って、必ず全体のエントロピーは増大します。

　自然現象の見方の違いなのですが、しばしば「自然に起こらない変化を人為的に引き起こす」という言い方をすることがあります。この言い方を、そのまま素直にとると「自然に起こらない、全体のエントロピーの減少する変化を、人為的に引き起こすことができる」という誤解を与える心配があります。人間がどんなに手をくだしても、全体のエントロピーが減少する変化を起こすことはできません。人間もまた、エントロピー増大の法則の下でしか、活動できないのです。

　たとえば、大気環境では、錆びた鉄はそのままではけっして元の鉄に戻りません。そこで、人為的に溶鉱炉を用意して高温にし、さらにコークスという還元剤を用いて鉄に戻します。このことを「自然には起こらない変化（錆びた鉄→鉄）を人為的に引き起こした」という見方をすることもあります。

　しかし、よく考えてみてください。私たち人間の行ったことは何でしょうか。私たちは溶鉱炉で高温を用意して、コークスという還元剤を錆びた鉄と混ぜて入れて、あとはじっと待っているだけです。条件を設定してじっと待っていれば、その条件のもとで、「自然に」、錆びた鉄は元の鉄に戻るのです。「自然に起こらない」のは、大気環境中では鉄に戻らないということであって、条件を変えたら「自然に起こる」のです。当然、全体のエントロピーは増大しています。

　このように、人為的な操作も含めてすべての変化は自然に起こるというのが、本書の立場です。

要点BOX

- 「自然に起こる」の意味
- 人間は条件を設定するだけ
- 人為的な操作も含めて自然に起こる

人間もエントロピーには逆らえない

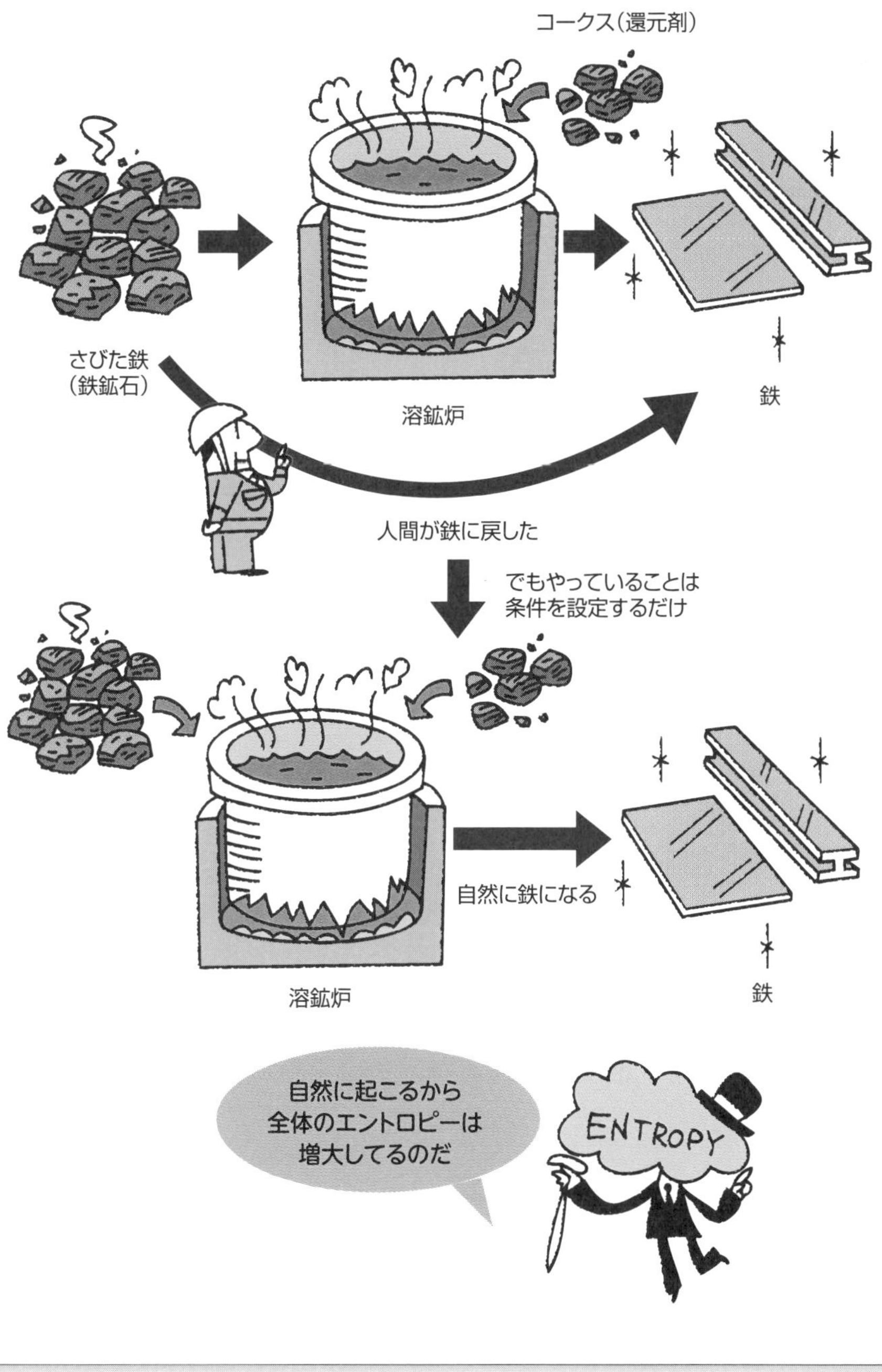

37 錆びる、燃える、傷む

酸化反応はエネルギーのエントロピーが支配する

さて、ここからは身の周りで起こっている変化を、エントロピーを使って見ていきましょう。

鉄が錆びる、都市ガスが燃える、食べ物が傷む、これらはごく普通に身の周りで起こる化学変化です。これらに共通なことは何でしょうか?

それは「すべて大気中の酸素と反応している」ということです。酸素はとても反応性が高く、常に、できれば他の元素と反応したい（他の元素から電子をもらいたい）と考えています。そして、どれもすべて発熱反応なのです。これを酸化反応と言います。

鉄が錆びるのは携帯用カイロで、都市ガスが燃えるのはガスコンロでよくご存知だと思います。

食べ物が傷むのは、酸素と反応するというよりは、カビなどの微生物が繁殖することによります。しかし、カビや多くの微生物は繁殖するために酸素を使い、その時にやはり熱を出しています。私たちが酸素を吸って炭水化物を酸化して活動しているのと同じです。

発熱反応であるということは、「化学エネルギー→熱エネルギー」です。これはエネルギーの質の低下で、エントロピーを増大させる要因です。

一方、酸素は反応する前は自由に大気中を飛び回っていたのに、反応すると、そこに固定されてしまうことが多いので、物質の存在空間は減少する場合が多く、この立場からはエントロピーは減少しています。

結局、酸化反応が自然に起こるのは、エネルギーの質が低下することに伴うエントロピー増大が、物質の存在空間の減少に伴うエントロピーの減少を上回り、全体としてエントロピーが増大するためです。

ここから、本書では、エネルギーの質の変化に伴うエントロピーを「エネルギーのエントロピー」、物質の存在空間の広さに伴うエントロピーを「物質のエントロピー」と簡略化して呼ぶことにします。

この用語を用いると、「酸化反応はエネルギーのエントロピーが支配する」と言えます。

要点BOX

- ●エネルギーの質の変化に伴うエントロピーと、物質の存在空間の広さに伴うエントロピー
- ●両者の兼ね合いで決まる

酸素との反応は発熱反応

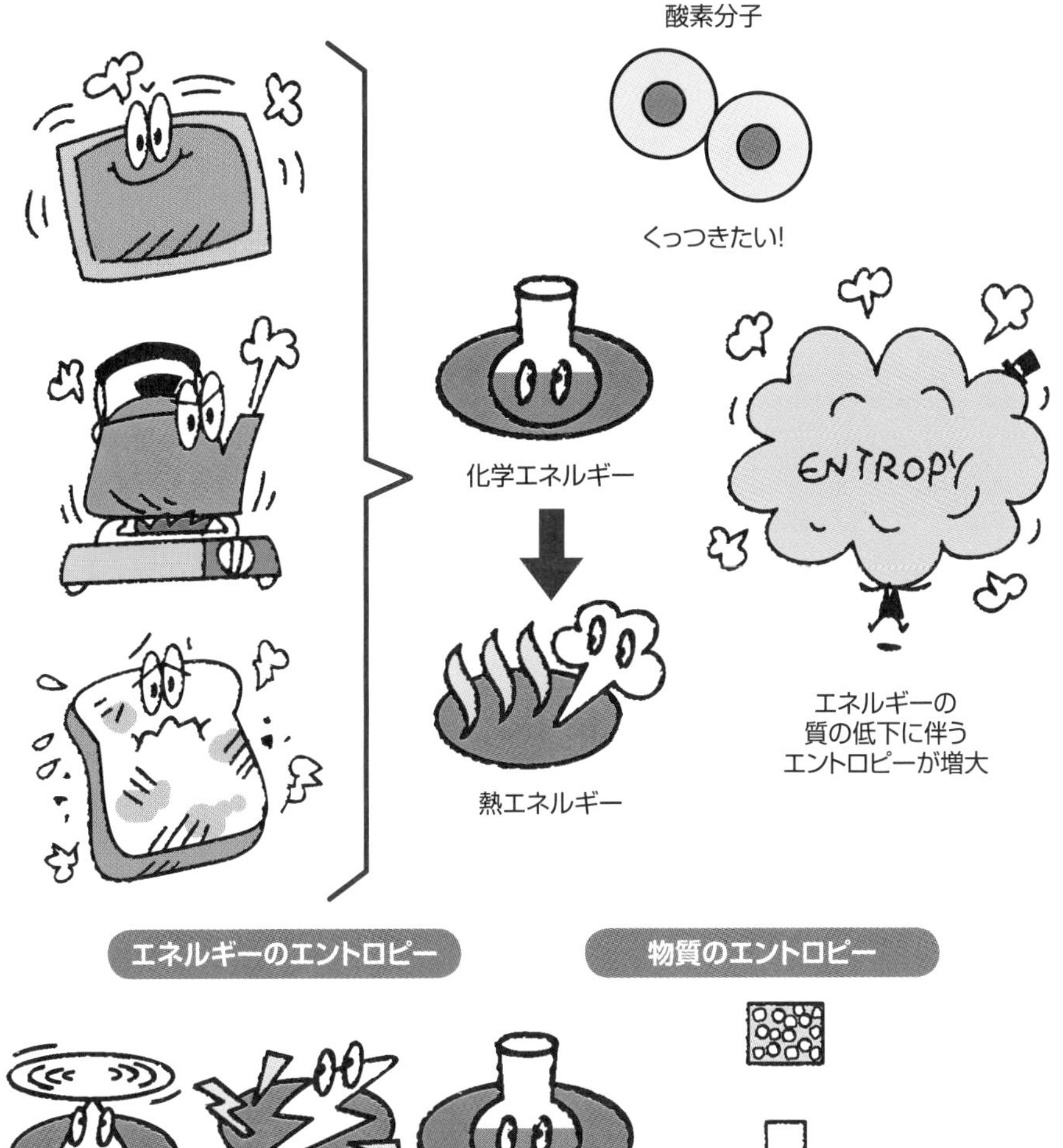

エネルギーのエントロピー

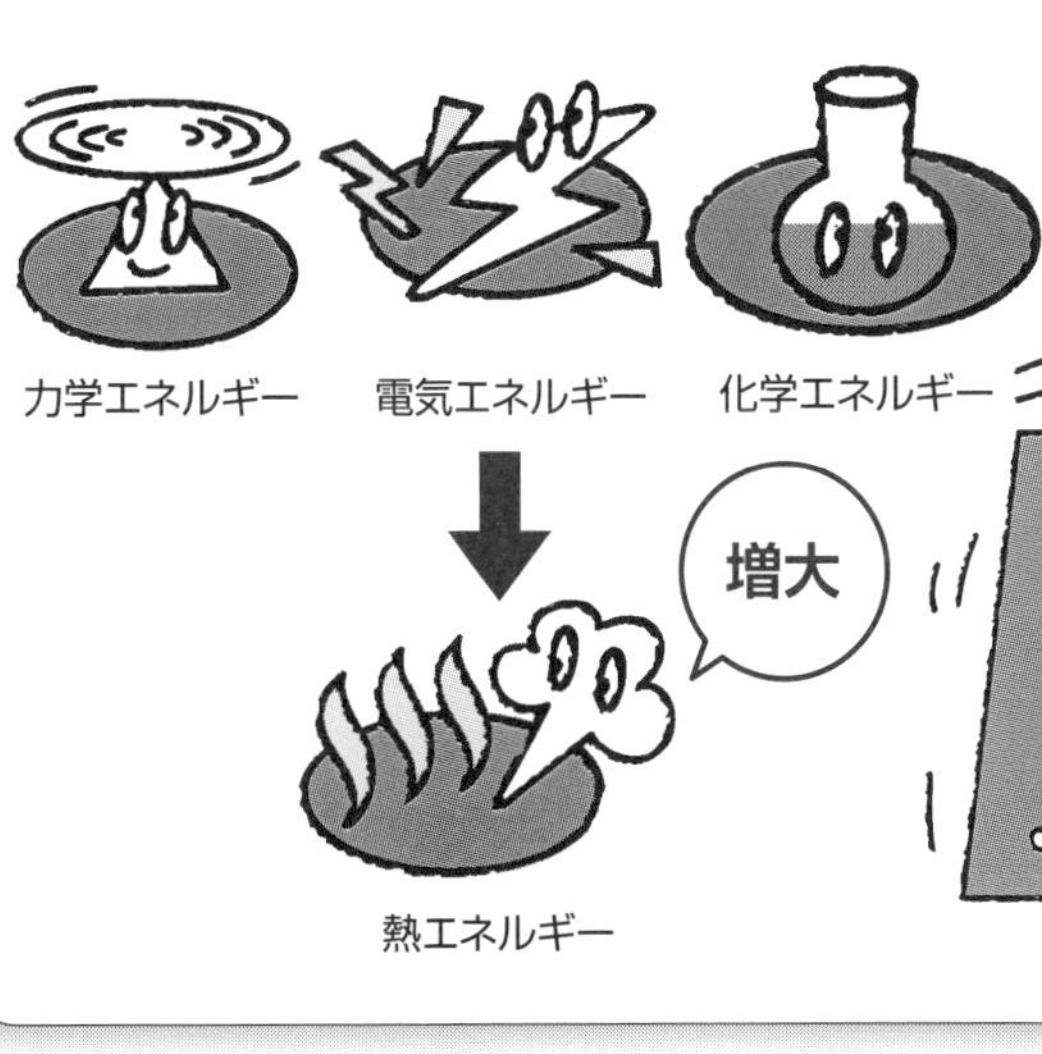

物質のエントロピー

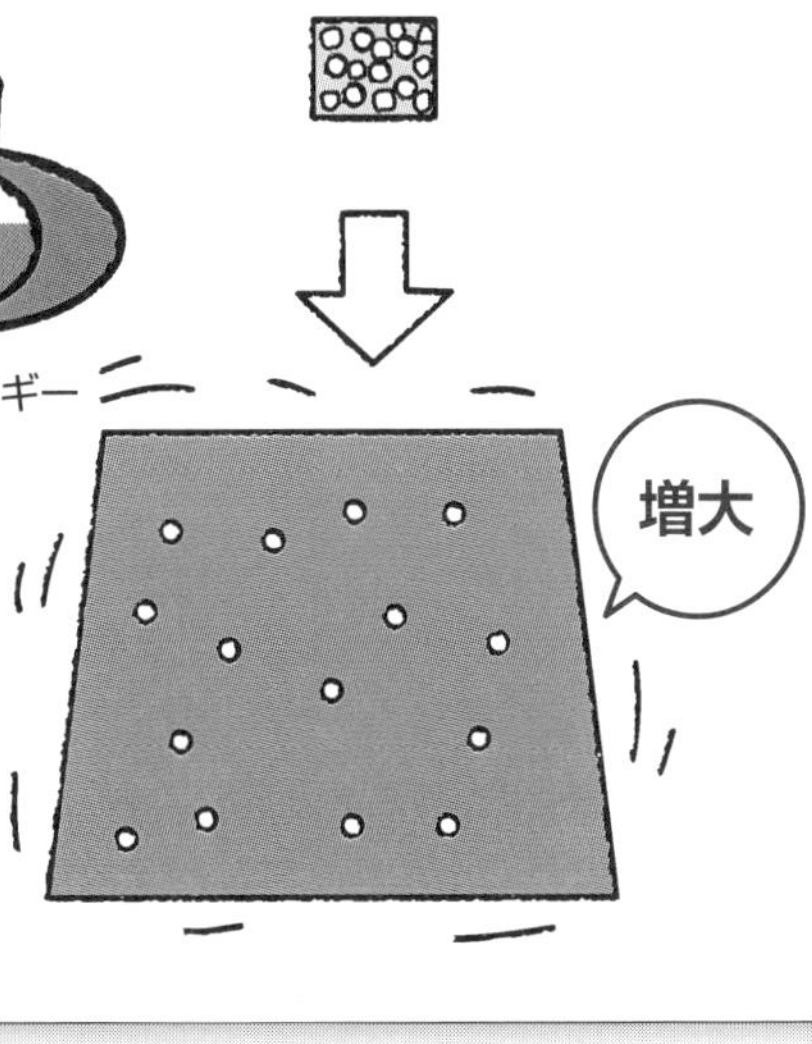

38 「結露しては消える」の繰り返し

反対の変化が継続して起こる

冬の朝、起きてカーテンを開けると、窓が結露《けつろ》して濡れていることがあります。日が射して温かくなるといつの間にか蒸発してなくなっています。そして夜中に冷え込むとまた次の朝、結露しています。結露は水蒸気が凝縮して水になること、蒸発はその逆で、反対の変化を繰り返しています。このような反対の変化が繰り返される時、エントロピーはどうなっているのでしょうか。

結露する時を考えましょう。そもそも空気中にはある程度の水蒸気が含まれています。日が沈んで外が冷えてきます。つまり、日が沈むと温度という条件が変わってくるわけです。ある温度で空気中に水蒸気が存在できる最大の量は決まっていて、それを圧力で表わしたものが「飽和蒸気圧曲線」です。水は100℃で大気圧と等しくなって沸騰しますから、100℃の時の飽和蒸気圧は1気圧（1013hPa）になります。飽和蒸気圧曲線を描いた温度と蒸気圧の関係を左の図で見ていただくとわかるように、温度が高い方が飽和蒸気圧が高い、すなわち、たくさんの水蒸気が空気中に存在できることになります。

冬場室内の温度が20℃で（相対）湿度が60％の時、6畳の部屋（20m^3程度）にはおよそ350mL（缶ビール1本分！）の水蒸気があります。これがたとえば部屋全体が5℃まで冷えたとしたら、およそ牛乳瓶1本分200mLの水が結露してくることになります。実際には窓際が特に冷えるので、そこで結露することになります。温度-蒸気圧の図では、状態が横に動いて飽和蒸気圧曲線を右から左に横切ります。その結果、空気中の水蒸気で飽和蒸気圧以上の分は結露します。温かくなったら、状態は横に動いて飽和蒸気圧曲線まで水分が蒸発できます。

このように結露と蒸発は、環境の温度が変化することによって繰り返されます。それをエントロピーから見てみましょう。

要点BOX

- 結露は水蒸気が凝縮して水になること
- 蒸発はその逆
- 結露と蒸発は温度変化によって繰り返される

結露と蒸発の繰り返し

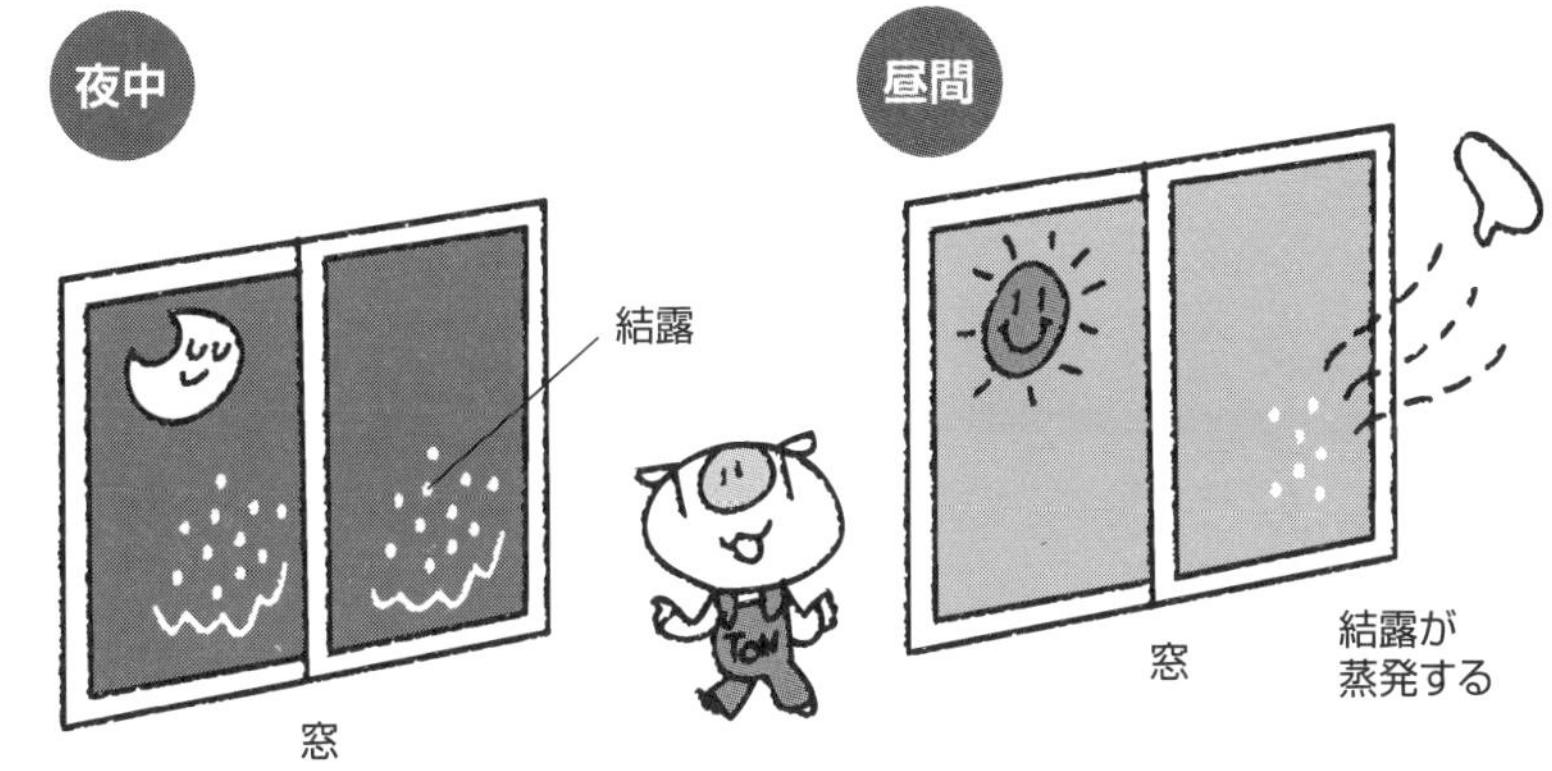

温度と水蒸気圧の関係

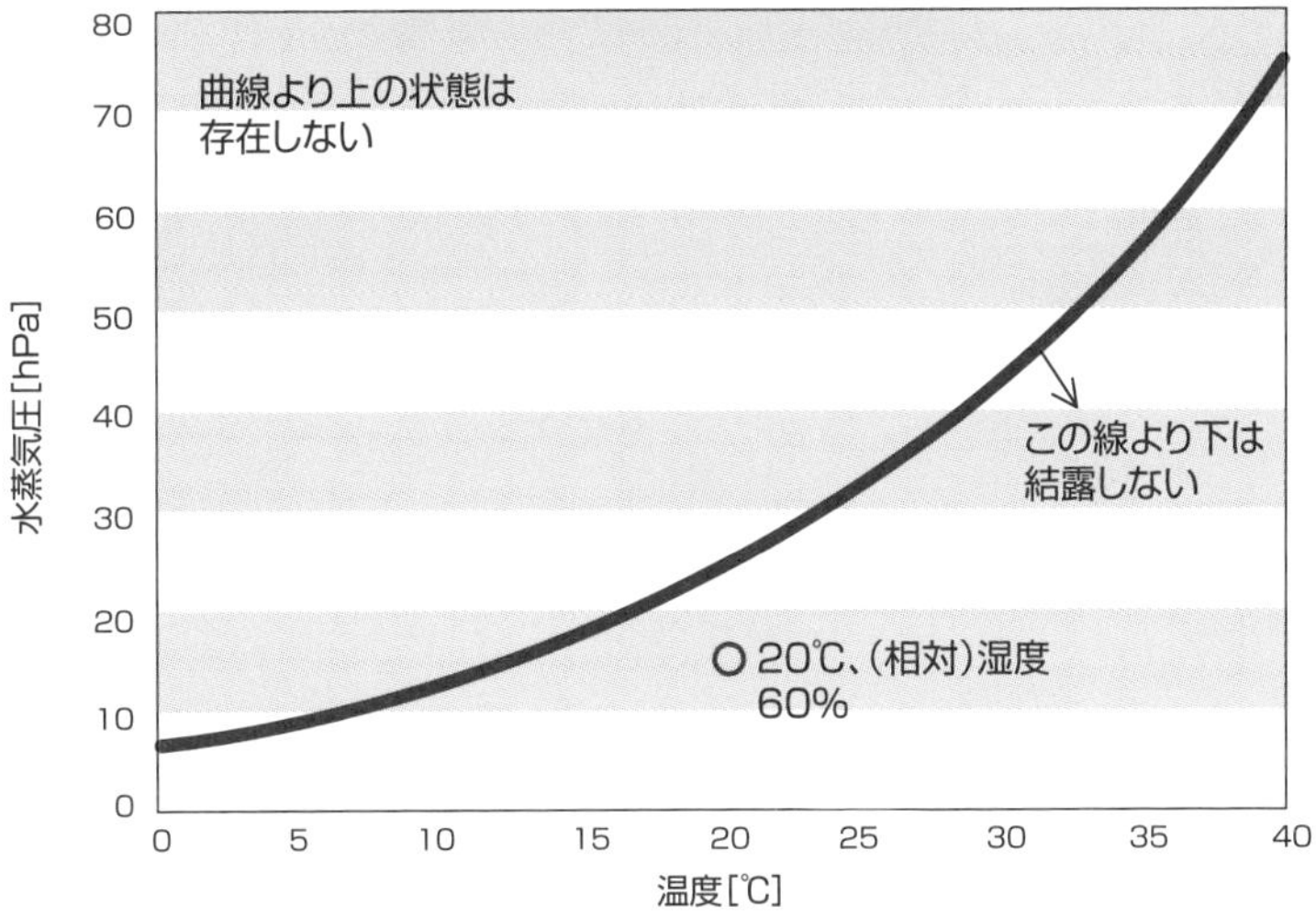

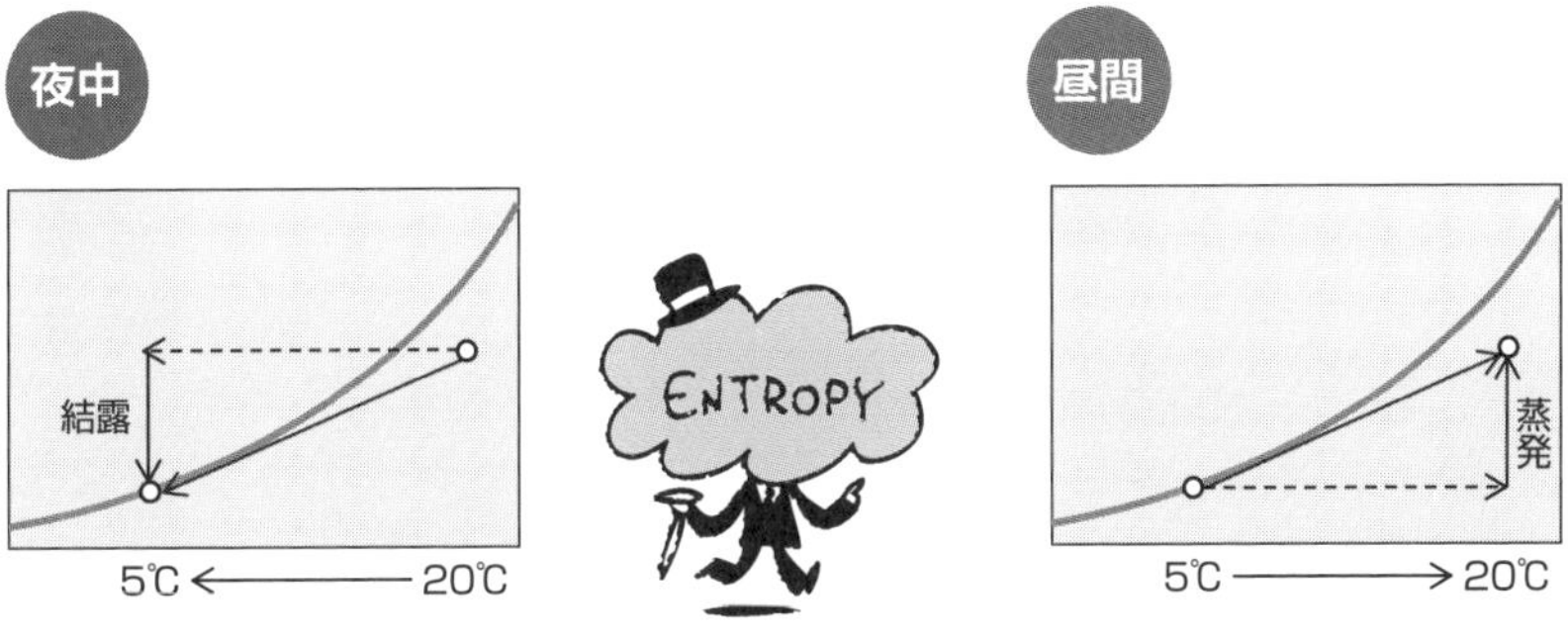

39 結露も蒸発も全体のエントロピーは増大する

温度が変わると変化の向きが変わる

結露は「水蒸気→水の変化」です。この時、発熱するので「化学エネルギー→熱エネルギー」となり、エネルギーのエントロピーは増大します。物質の存在空間から見ると、水蒸気は自由に部屋中を飛び回っていたのに、水になると存在できる空間が限定されますから、物質のエントロピーは減少します。結露する時は十分温度が低くて、その温度ではエネルギーのエントロピーが支配的になり、物質のエントロピーの減少を補い、結露した方が全体のエントロピーが増大することになります。

一方、蒸発は「水→水蒸気」の変化で、吸熱変化です。したがって、エネルギーのエントロピーは減少します。しかし、水蒸気になると存在空間は飛躍的に拡大しますから、物質のエントロピーは増大します。つまり、蒸発は物質のエントロピーの増大が、エネルギーのエントロピーの減少を補って起こります。

つまり結露も蒸発も、いずれの変化も全体のエントロピーが増大するので「自然に起こる」のです。このような反対の変化のどちらが起こった方が全体のエントロピーが増大するかどうかは、その時の条件によって決まります。今の場合は、温度と水蒸気圧です。室内の水蒸気の量があまり変わらないとすると、変わるのは温度だけです。

それではなぜ温度が変わると、全体のエントロピーが増える向きが変わるのでしょうか。大切なことをお教えしましょう。

温度が高くなると、物質のエントロピーの影響が大きくなることが多いのです。考えてみれば、温度が高くなると、固体は溶けて液体になる、液体は蒸発したり、沸騰したりして気体になる、など存在空間を広げる方向の変化が起こります。固体は動けませんが、それに比べると液体の方が少しは自由に動けます。気体はずっと存在空間が広がりますね。

要点BOX

- ●温度が高くなると、物質のエントロピーの影響が大きくなる
- ●条件が変わると変化の向きが変わる

繰り返す現象のエントロピーは?

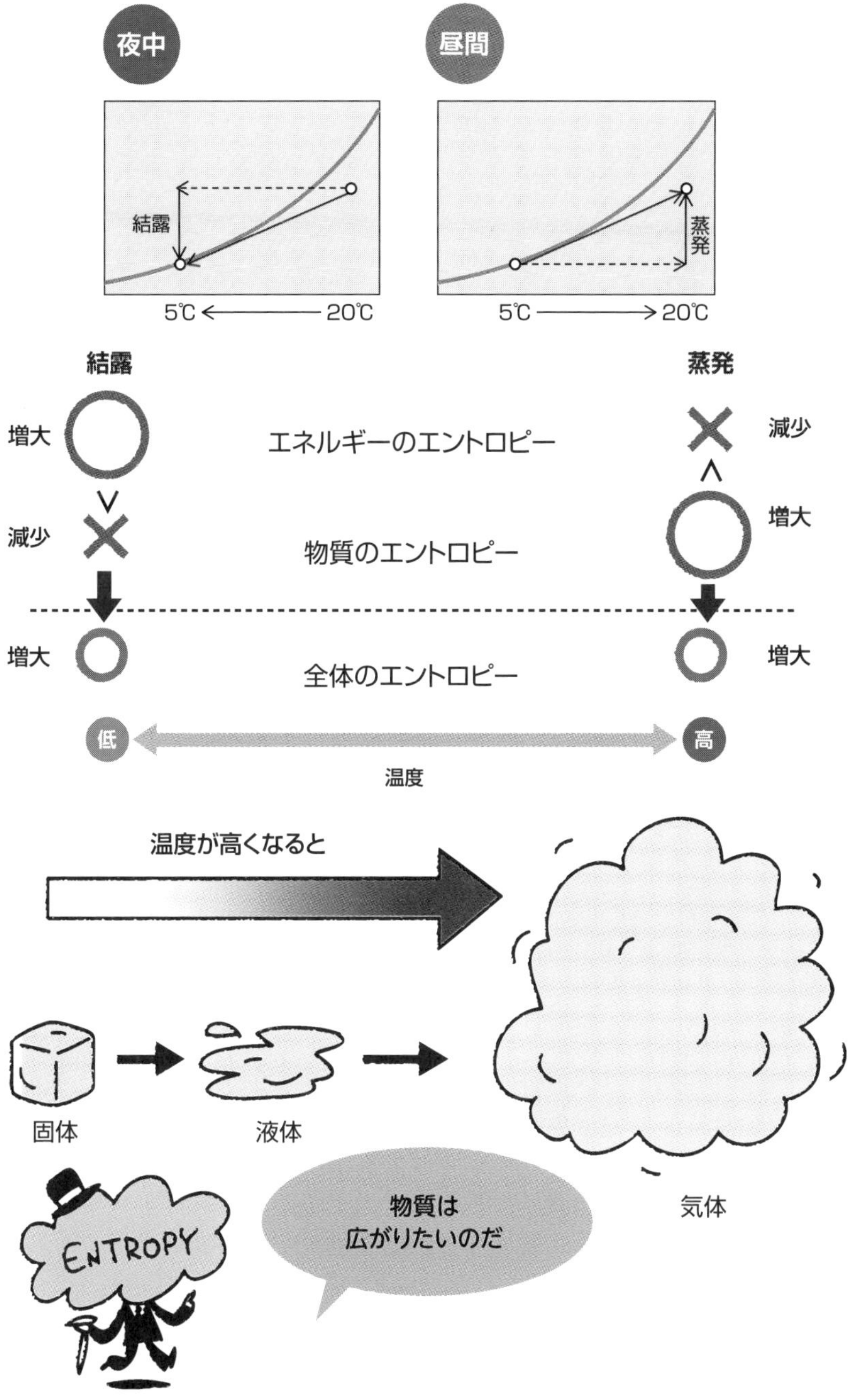

40 芳香剤と脱臭剤、そのエントロピーは？

反対の作用をエントロピーで考える

「芳香剤」はいい匂いを広げるもの、「脱臭剤」は嫌な匂いをとるものです。いわば反対の作用をさせています。これもエントロピーで考えてみましょう。

容器をコンパクトにして長期間使用するために、芳香剤では、匂いの元は固体や液体でコンパクトになっていて、それを気体にして部屋に広げています。固体や液体が気体になる時は必ず熱を吸収します。すなわち「吸熱変化」です。熱エネルギー→化学エネルギーですから、エネルギーの質が良くなる、すなわちエネルギーのエントロピーは減少します。

一方、匂いのする化学物質が部屋中に広がるわけですから、存在空間は広がる、すなわち物質のエントロピーは増大します。この物質のエントロピーの増大が、エネルギーのエントロピーの減少を上回るので、匂いは自然に広がっていくことになります。もちろん、全体としてエントロピーは増大しています。

逆に脱臭剤は嫌な匂いの化学物質を固体などに吸着させ、部屋から除去する製品です。活性炭のような、とても広い面積をもつ固体に吸着させることが多いようです。

気体が固体に吸着すると、必ず発熱します。これは化学エネルギー→熱エネルギーなので、エネルギーの質は低下して、エネルギーのエントロピーは増大します。しかし、匂いの気体分子が固体に引っ付いてしまうので、存在空間は狭くなります。つまり、物質のエントロピーは減少します。しかし、その物質のエントロピーの減少よりも、エネルギーのエントロピーの増大の方が大きいので、全体として吸着は自然に進むことになります。

このように、匂いを広げるものと、とるものでは、それらは一見反対の現象ですが、どちらの場合も全体のエントロピーは増大しています。だからこそ、どちらも自然に起こるのです。

要点BOX

- 「芳香剤」はいい匂いを広げる
- 「脱臭剤」は嫌な匂いをとる
- 匂いを広げても、吸収してもエントロピーは増大

出しても、とってもエントロピーは増大する

芳香剤		脱臭剤
減少 ×	エネルギーのエントロピー	○ 増大
増大 ○	物質のエントロピー	× 減少
○	全体のエントロピー	○

どちらも
全体のエントロピーは
増大するので、
自然に起こるのだ
ENTROPY

41 物が溶ける理由

物質のエントロピーは増大する

砂糖も塩も水に溶けます。単純に考えて、砂糖や塩として固体のままでいるよりも、水に溶けた方が自由に動ける空間がはるかに広がり、物質のエントロピーが増大するように思えます。

塩が溶ける時のエントロピーを見てみましょう。まず塩は塩化ナトリウムという化合物で、水に溶けるとナトリウムイオンと塩化物イオンに分かれます。その時、熱を吸収します。したがって、エネルギーのエントロピーは減少して、25℃で、大さじ1杯16gの塩を大量の水に溶かす時、4J/Kのエントロピーが減少します。

一方、物質のエントロピーは12J/K増大します。このエントロピーの増大は、ナトリウムイオンと塩化物イオンの存在空間が広くなったことによります。結局、16gの塩が水に溶けると、全体として8J/Kのエントロピーが増大するので、塩の溶解は自然に起こると考えるわけです。

30項と34項で紹介しましたが、瞬間冷却剤はまさにこの原理を使った商品です。

固体でいるよりも、水に溶けて分散した方が、どんなものでも存在空間は広くなりそうです。それなら、どんな物質でも溶けて良さそうですが、水に溶けない物もたくさんありますね。というか、考えてみればほとんどの物は水に溶けないからこそ、雨が降っても無事に生活できるわけです。水に溶けないということは、水に溶けるという変化が自然に起こらないということです。自然に起こらないということは、水に溶けると、全体のエントロピーが減少してしまうことを意味します。

全体のエントロピーは、エネルギーのエントロピーと物質のエントロピーの和です。したがって、エネルギーか物質かいずれかのエントロピーが減少して、それが支配的になって全体のエントロピーが減少するということになります。

要点BOX

- ●物質は水に溶けた方が、存在空間が広がる
- ●瞬間冷却剤はこの原理
- ●物が溶ける時は物質のエントロピーは増大?

物質のエントロピーが支配する

42 物が溶けない理由

意外と難しい「溶ける」という現象

液体が気体になる時は、必ず物質のエントロピーが増大します。ところが、物質が水に溶ける場合は、必ずしもそうはいえないのです。

骨の主成分で、歯の再石灰化を促進するため、歯磨き粉にも含まれているリン酸カルシウム。このリン酸カルシウムは水に溶けると、リン酸イオンとカルシウムイオンになります。25℃で、リン酸カルシウム1g（歯1本分くらい）が水に溶けるとすると、物質のエントロピーは3J／K減少します。

また、よく化学実験で水分を吸収するのに使う塩化カルシウム。梅雨時に、押入れやタンスに入れる除湿剤に入っている粉がそうです。25℃で、塩化カルシウム10gが水に溶けると、物質のエントロピーは4J／K減少します。

なんと、いずれも水に溶けると、物質のエントロピーは減少するのです。この不思議な現象は、液体が気体になる場合とは異なり、溶けることが、水という物質の中に広がっていくために起こります。水のことも考えないといけないのです。水は単なる脇役ではないのです。

骨は水に溶けません。しかし、塩化カルシウムは水によく溶けます。よく溶けないと除湿剤になりません。どちらも溶解に伴う物質のエントロピーは減少します。にもかかわらず、溶け方が大きく異なるのは、もちろん、エネルギーのエントロピーの違いが原因です。

どちらも水への溶解に伴って発熱します。水への溶解に伴うエネルギーのエントロピー変化は、リン酸カルシウム1gの場合は0・7J／K、塩化カルシウム10gの場合は25J／Kの増大です。塩化カルシウムのエネルギーのエントロピー増大は大きく、物質のエントロピーの減少を大きく上回ります。だから、自発的に溶解します。リン酸カルシウムは、少ししかエネルギーのエントロピーが増大しないので、溶解は自然には進まないのです。

要点BOX

- ●溶けると物質のエントロピーが減ることも
- ●骨は水に溶けないが塩化カルシウムはよく溶ける
- ●水は単なる脇役ではない

水に溶けると物質のエントロピーが減少する

+0.7J/K	エネルギーのエントロピー	+25J/K
−3J/K	物質のエントロピー	−4J/K
−2.3J/K	全体のエントロピー	+21J/K
起こらない		起こる

43 着物のシミにご用心

融点を下げてまでも混ざり合いたい

物質が水に溶ける時は、単に存在空間を広げることが物質のエントロピーを増大させるわけではないことを知りました。それでも多くの現象が物質の存在空間の拡大で理解できます。

着物などの衣類の防虫剤として、パラジクロルベンゼンとショウノウがあることはご存じでしょうか。これらはいずれも固体ですが、別々に離して使わなければなりません。パラジクロルベンゼンとショウノウの融点はそれぞれ53℃と１８０℃で、室温ではいずれも固体です。そして、固体から直接、気体になる「昇華」という現象を起こして防虫作用を示すのです。

さて、うっかりこれら2つの防虫剤を一緒に使うと、互いに気化した分子が、互いの固体の表面に達して溶けていきます。そうすると、なんと融点が下がるのです！　どれくらい溶け込むのかによりますが、融点が10℃以下になることもあります。融点が10℃ということは、室温では溶けて液体になるということです。そのため、固体のパラジクロルベンゼンやショウノウが溶けて液体になり、衣類を濡らしてシミの原因となるのです。

試しに、2つを混ぜていただくとわかりますが、冷たくなって溶けていきます。吸熱変化ですから、エネルギーのエントロピーは減少します。その一方で、お互いに溶け合うと、それぞれの物質の存在空間は広がりますから、物質のエントロピーは増大します。

結局、物質のエントロピーの増大の効果の方が大きい場合に、2つの物質は、より低い温度から混ざり合おうとして溶け合うのです。

それにしても、物質が広がろうとする傾向はすごいものです。固体のままでは存在空間を広げることはできないために、わざわざ融点を下げて、液体にまでしてしまうのですから。この効果は「凝固点降下」と呼ばれ、他にもいろいろな現象として私たちの身の周りにあります。

要点BOX

- ●パラジクロルベンゼンとショウノウ
- ●両方とも固体だが、別々に離して使う
- ●昇華という現象を起こして防虫作用を示す

融点を下げて溶けて混ざる

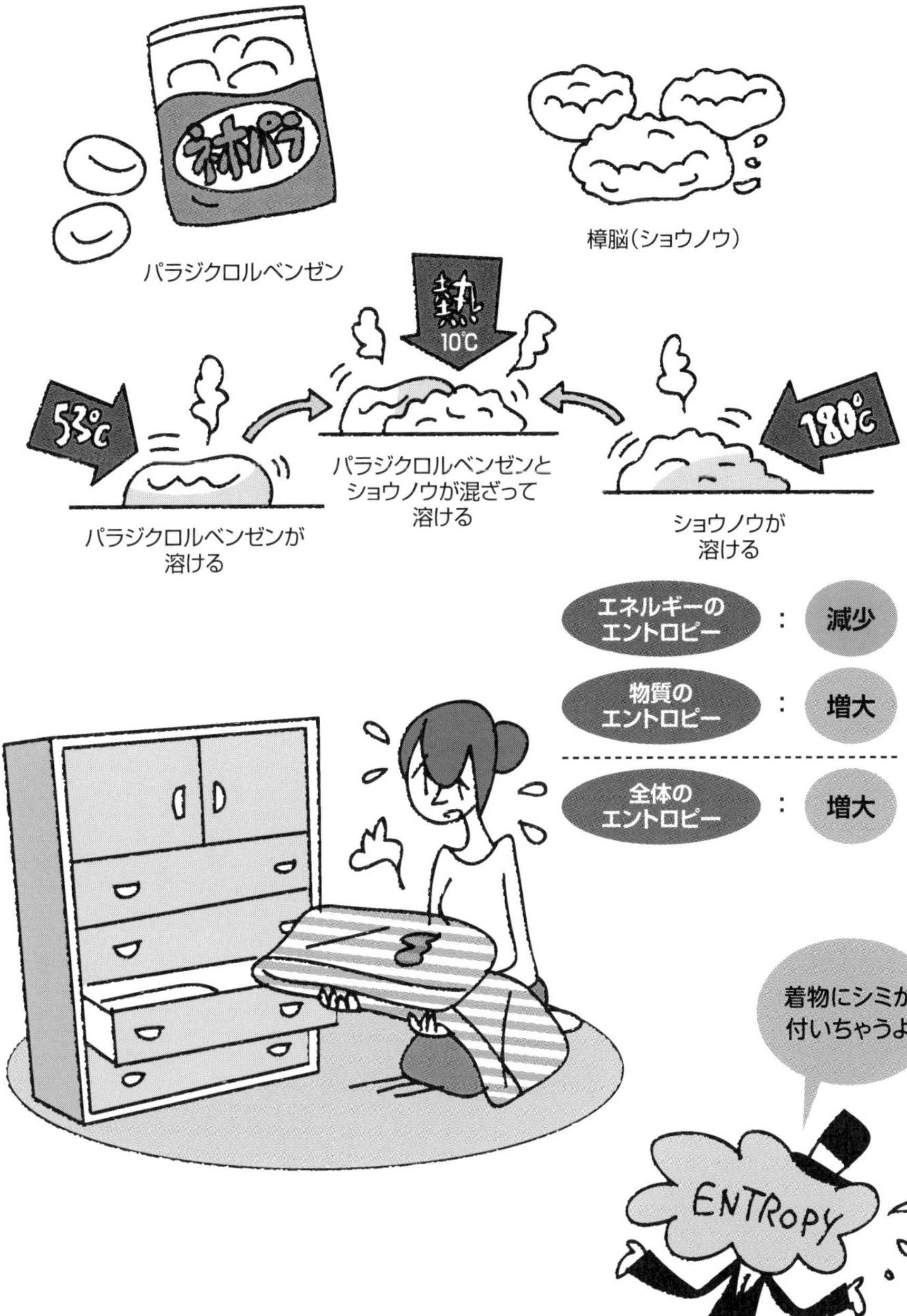
ネオパラ
パラジクロルベンゼン
樟脳(ショウノウ)
熱
10℃
53℃
180℃
パラジクロルベンゼンとショウノウが混ざって溶ける
パラジクロルベンゼンが溶ける
ショウノウが溶ける
エネルギーのエントロピー : 減少
物質のエントロピー : 増大
全体のエントロピー : 増大
着物にシミが付いちゃうよ
ENTROPY

44 凍結防止はエントロピーで！

融雪剤も不凍液も

「融雪剤」をご存知でしょうか。雪国の方々にはおなじみだと思いますが、積雪で凍った路面を溶かすのに塩化カルシウムの粉末をまきます。42項で述べたように、塩化カルシウムは、そもそも水に溶ける時に発熱します。それで雪を溶かします。そして、溶けた後は、水に溶解して凝固点を下げます。最大でマイナス50℃まで凝固点を下げることができます。ただの水であれば0℃で凍ってしまいますから、氷点下10℃とかになると、路面はカチカチになってしまいますが、塩化カルシウムが溶け込むことによって、氷点下10℃であっても凍らずにすみます。この、「できるだけ凍らずに、液体状態をより低温まで保っておこう」とするのは、液体の水になって塩化カルシウムを溶かしていた方が、物質のエントロピーとして有利であるからに他なりません。

同じ例として、料理の際に氷水に食塩を混ぜて氷点下を造ります。また、いろんな物質が溶解している海水や血液は、水の凝固点0℃では凍りません。自動車のエンジンは熱くなり過ぎないように水で冷却していますが、その冷却水が冬場に凍らないように不凍液を使います。不凍液は、水にエチレングリコールを溶かして凝固点を下げてあります。溶かす量によってはマイナス40℃くらいまで凍りません。

それと、電気回路で部品を接合するために使われるはんだ。はんだは鉛と錫《すず》の合金です。錫の融点は、232℃、鉛は327℃ですが、はんだにすると融点が下がり、はんだごてでも溶かせるようになります。特に錫の割合が少し多い時、融点は最低の183℃まで下がります。これも、鉛と錫の原子がお互いに存在空間を拡大させたいという強い傾向をもつために、それぞれの融点よりも低い温度で液体状態になる性質を利用しています。物質のエントロピーが支配的な場合の例です。

要点BOX

- 融雪剤は塩化カルシウムの粉末
- 塩化カルシウムは水に溶ける時に発熱
- 海水や血液は水の凝固点0℃では凍らない

物質のエントロピーが支配する現象

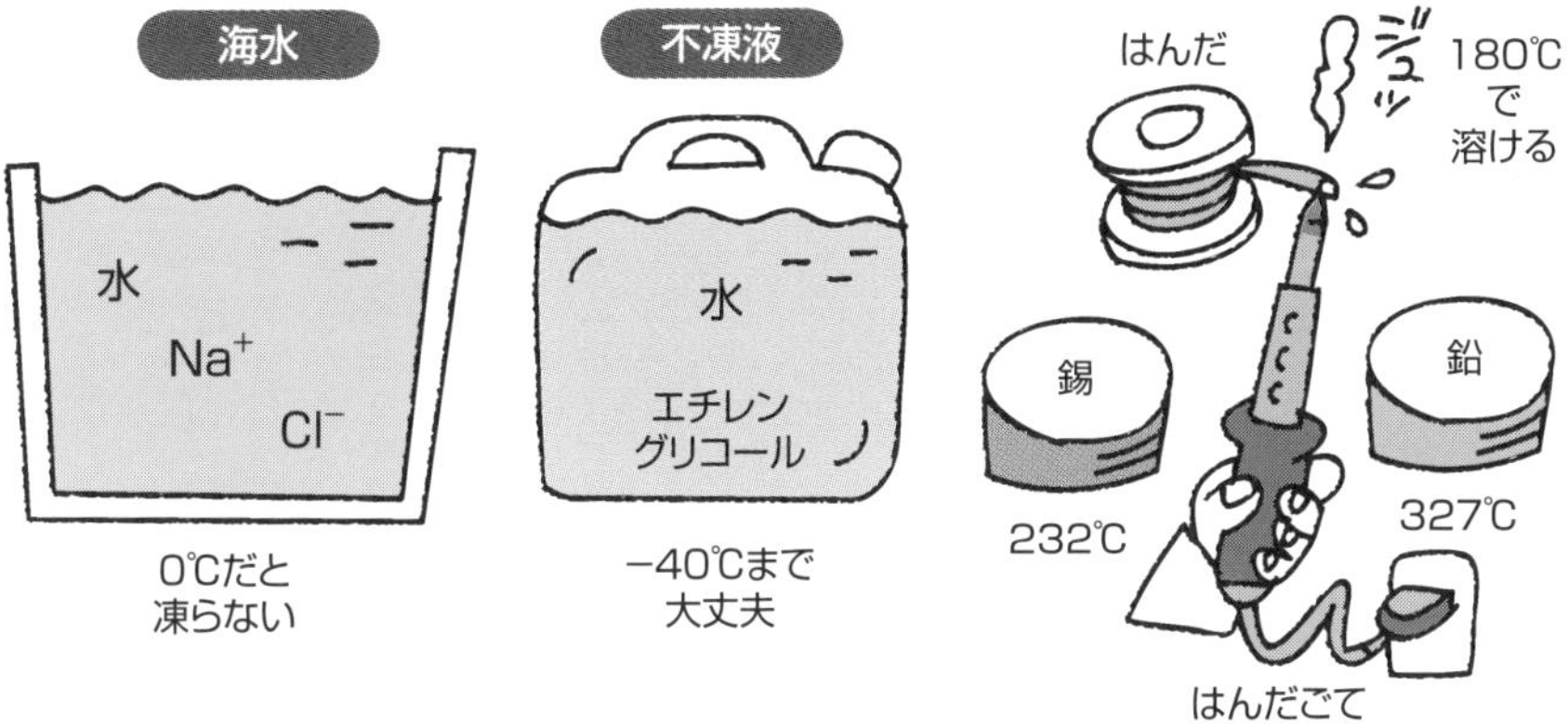

45 ナメクジに塩をかけると縮む

凝固点降下・沸点上昇・蒸気圧降下・浸透圧はすべて物質のエントロピーの性質

ナメクジに塩をかけると溶けるように見えますが、実際には溶けているのではなく縮んでいます。これはナメクジの身体の表面が、水分子は通すけれど、食塩は通さない膜でおおわれているためです。食塩をかけると、食塩が存在できる空間をできるだけ増やそうとします。その結果、膜の向こう側、つまりナメクジの体内にある水を、膜を通して食塩側に引き寄せてしまうのです。水に溶けた方が、自分自身が存在する空間が広くなるためです。水が食塩の薄い方から濃い方へ移動するのは、あたかも圧力がかかっているように見えるので「浸透圧」と呼ばれています。

44項で取り上げた「凝固点降下」と前述した浸透圧に加えて、「沸点上昇」と「蒸気圧降下」という現象があります。液体に、蒸発しないものを溶かすと、沸点が上昇します。これが沸点上昇です。より温度を上げないと沸騰しなくなるということなので、ものが溶けていない液体よりも沸騰しにくくなるということです。沸騰すると、液体が減少して気体になります。ものが溶けているのは液体で、自分は蒸発して気体になれないので、できるだけ液体の状態を維持していた方が存在できる空間は広くなります。そのために沸騰させないようにする、これが沸点上昇です。

同じように、液体に、蒸発しないものを溶かすと蒸気圧が下がります。これはものが溶けていない液体よりも蒸発しにくくなるということです。蒸発すると液体が減少して、液体としての体積が減少します。つまり溶けているものが存在できる液体という空間が減少することになります。そのため、溶けているものは、できるだけ液体状態を保たせようとして蒸気圧を下げるのです。

凝固点降下・沸点上昇・蒸気圧降下・浸透圧は、いずれも液体に溶かしたものがその存在空間をできるだけ広げていたいという物質のエントロピーの性質から起こります。これらは「束一的《そくいつてき》性質」と呼ばれています。

要点BOX

- ナメクジは溶けずに縮む
- ものはできるだけたくさんの液体に溶けていたい
- 「束一的性質」と呼ばれる

ナメクジに塩をかけると縮む→浸透圧

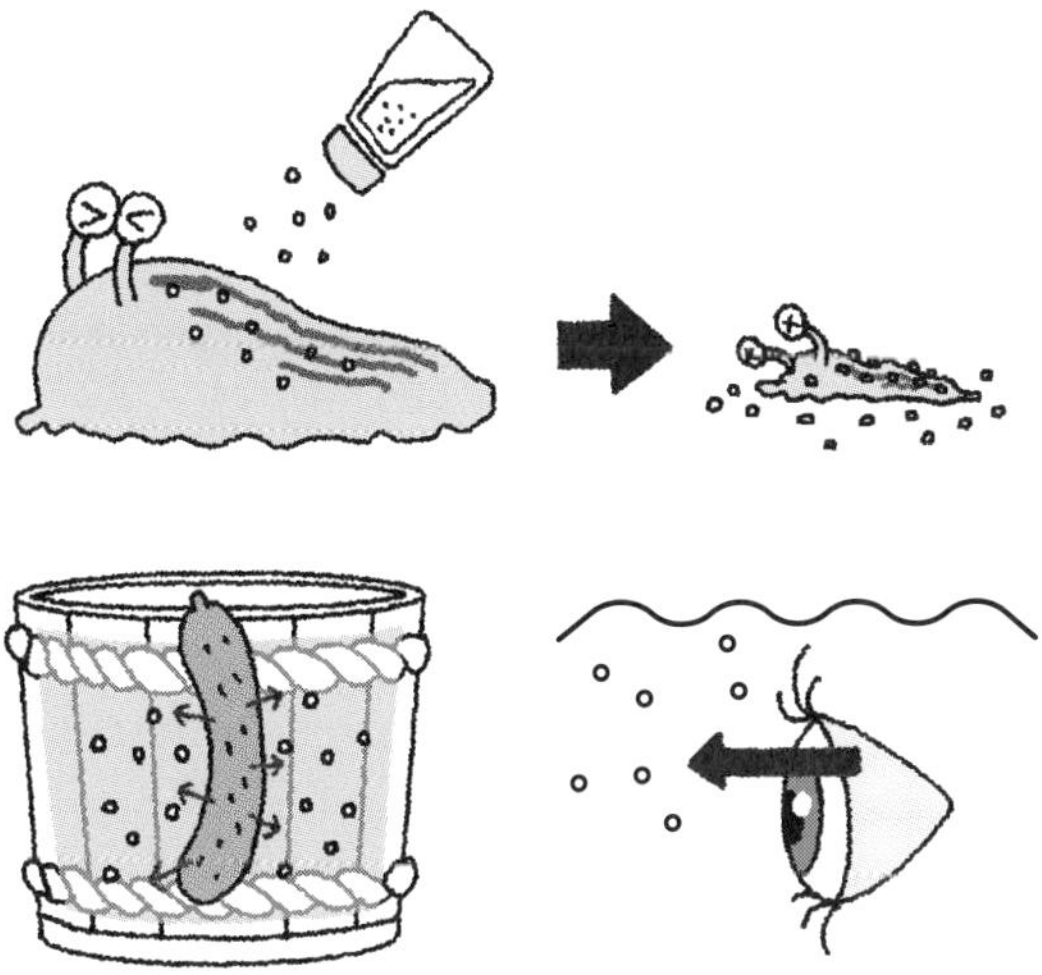

海の中で眼を開けると痛いのも浸透圧である。海水の塩分濃度は3%で、体液の0.9%よりも高いので、目から水分が海へ出て行こうとする。

浸透圧を利用して保存食であるキュウリや白菜の漬物も作られている。濃い食塩に浸しておくために、野菜を腐らせる微生物がやってきても、ナメクジと同じでその体内から水分が奪われて活動できなくなる。それが野菜にも効くので、野菜からも水分が外に出て、あのようにシワシワになる

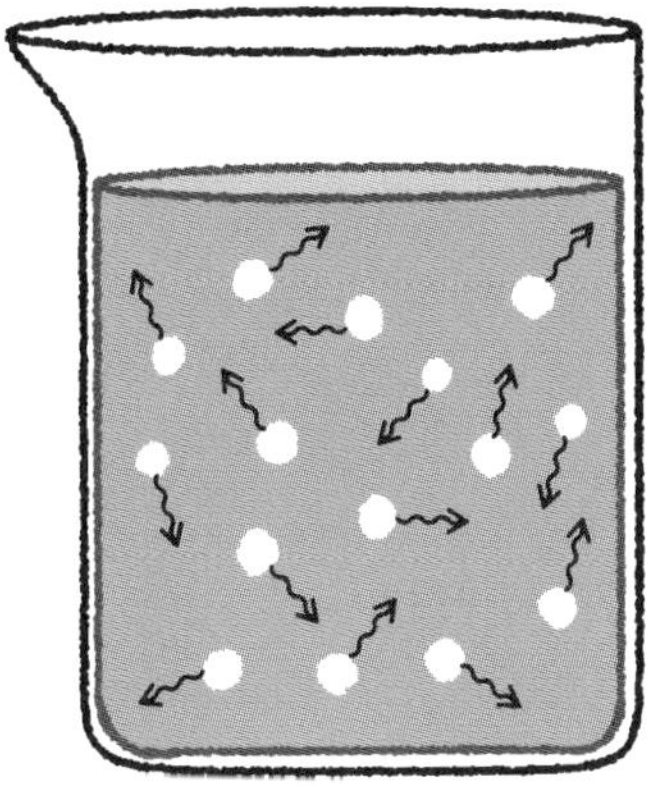

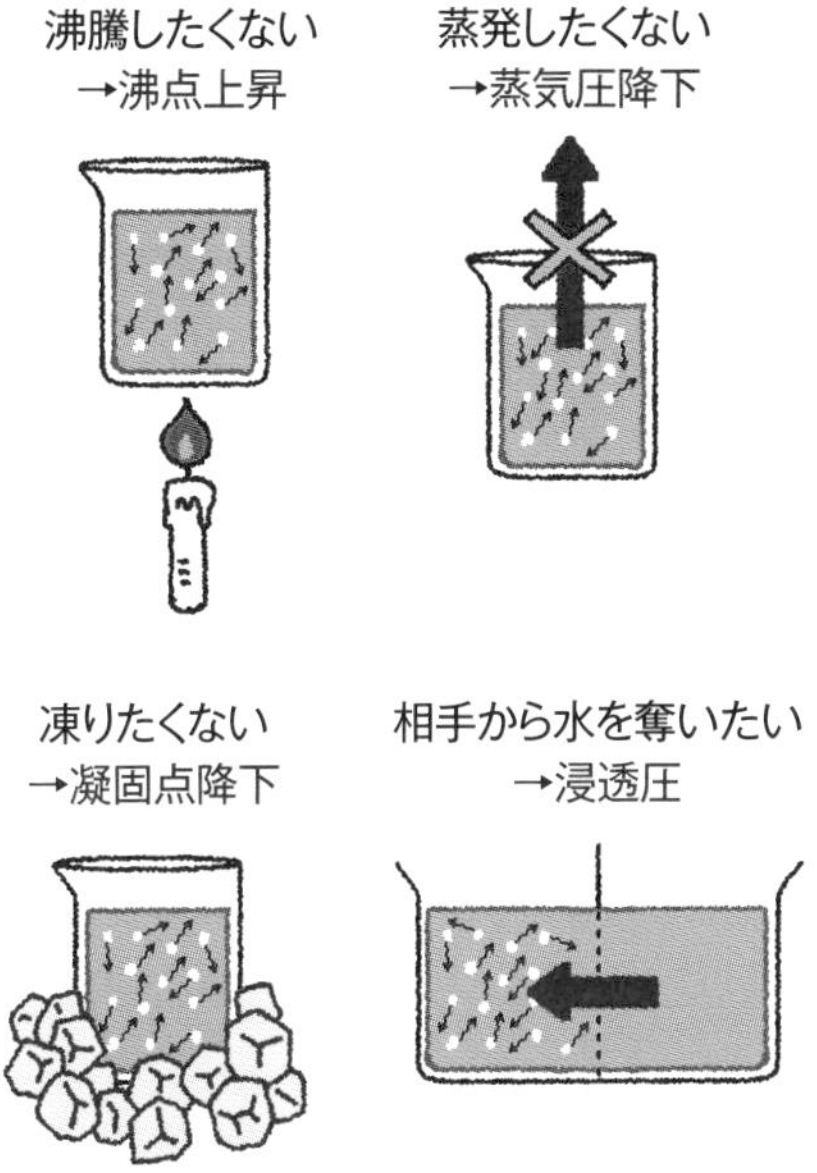
沸騰したくない
→沸点上昇
蒸発したくない
→蒸気圧降下
凍りたくない
→凝固点降下
相手から水を奪いたい
→浸透圧

とにかく
できるだけ
存在する空間を
広げていたい
んだね

46 夏の打ち水でエントロピーを減らそう

物質のエントロピーで取り去れる

ギラギラした夏の日差しが照りつけて、夏場はとても暑くなります。太陽の日差しは、太陽光エネルギーで、かなり質の良いエネルギーです。ところが、地面や家屋に当たって熱に換わると、熱は質の悪いエネルギーなので、エネルギーのエントロピーをどんどん増大させています。この場合、物質の変化はないので、エネルギーのエントロピー変化が、全体のエントロピー変化と等しくなります。

太陽からの日差しは日中ずっと照りつけているので、地表付近のエントロピーはドンドン増え続けています。われわれはそれを「暑い！」として認識、あるいは体感しているわけです。さて、その熱になってしまったエントロピーを取り去る方法があります。エネルギーのエントロピーが増大した分を、物質のエントロピーの増大で取り去ってやればいいのです。

それが、昔懐かしい「打ち水」です。これは水が蒸発する時に、周りから熱を吸収してくれる性質を利用しています。つまり、物質のエントロピーを増大させて、エネルギーのエントロピーを減少させているということです。ただ、実際には真夏の暑い時にアスファルトの上に水を撒《ま》いても瞬間的に蒸発し、湿度を上げるだけで逆効果になったりすることもあるようです。昔の家は玄関が土で、日陰も多かったので、午前中にそこに水をまいておくと、気温上昇を抑えてくれたようです。

物質が蒸発する時の吸熱をもっとも体感できるのは、注射の際のアルコール消毒でしょう。アルコールは蒸発しやすいので、すぐに皮膚から熱を奪って（これをみなさんはエネルギーのエントロピーを減少させていると認識してください）気体になります（物質のエントロピーを増大させている）。

最近は、汗拭き取りシートや整髪剤などにも含まれていて、爽快感をだしています。

要点BOX

- 熱は質の悪いエネルギー
- 地表付近のエントロピー増加を「暑い!」と感じる
- 吸熱を体感できる注射の際のアルコール消毒

エネルギーのエントロピーを「物質のエントロピー」へ

47 生命活動とエントロピー

ブドウ糖と酸素との反応を利用して活動している

私たち人間を含む生物も、活動している限り、全体のエントロピーを増大させています。この豊かな生命活動がどのように行われているか、それをエントロピーから見てみましょう。

私たち生物のエネルギー源はブドウ糖です。ブドウ糖は大気から取り込んだ酸素と反応して、二酸化炭素と水になります。25℃で、ご飯1杯を100gとして、およそ40g分がブドウ糖になります（残りはほとんど水分です）。ご飯1杯を食べた時、大きな発熱を伴い、エネルギーのエントロピーは201J／K増大します。

一方、物質のエントロピーも6J／K増大します。ブドウ糖の酸素との反応は、エネルギーのエントロピー的にも、物質のエントロピー的にも、いずれからみても進みやすい変化で、全体として207J／Kのエントロピーが増大します。当たり前なのですが、このように自然に進みやすい反応なので、生物はこの反応を利用して活動しているわけです。

ブドウ糖と酸素が私たちの生命活動の基ですが、そうするとブドウ糖と酸素が無くなると、私たちは活動できません。どうにかして二酸化炭素と水から、ブドウ糖と酸素を造らないと、どんどん無くなってしまいます。しかし、ブドウ糖と酸素が反応する方が自然に起こる変化なので、単純な逆反応は当然全体のエントロピーの減少する変化になり、自然には進みません。

みなさんご存知の通り、ありがたいことに植物が光合成をしてくれます。光合成は質の良い太陽光エネルギーを使って、そのままでは自然に起こらない

二酸化炭素＋水→ブドウ糖＋酸素

の反応を引き起こします。つまり「太陽光エネルギー→熱エネルギー」に伴うエントロピーの増大を利用して、ブドウ糖と酸素を造る時のエントロピーの減少を補うということになります。

要点BOX

- ●生物のエネルギー源はブドウ糖
- ●ブドウ糖が酸素と反応して、二酸化炭素と水に
- ●100gのご飯の約40g分がブドウ糖

自然に起こる変化を利用して生きている

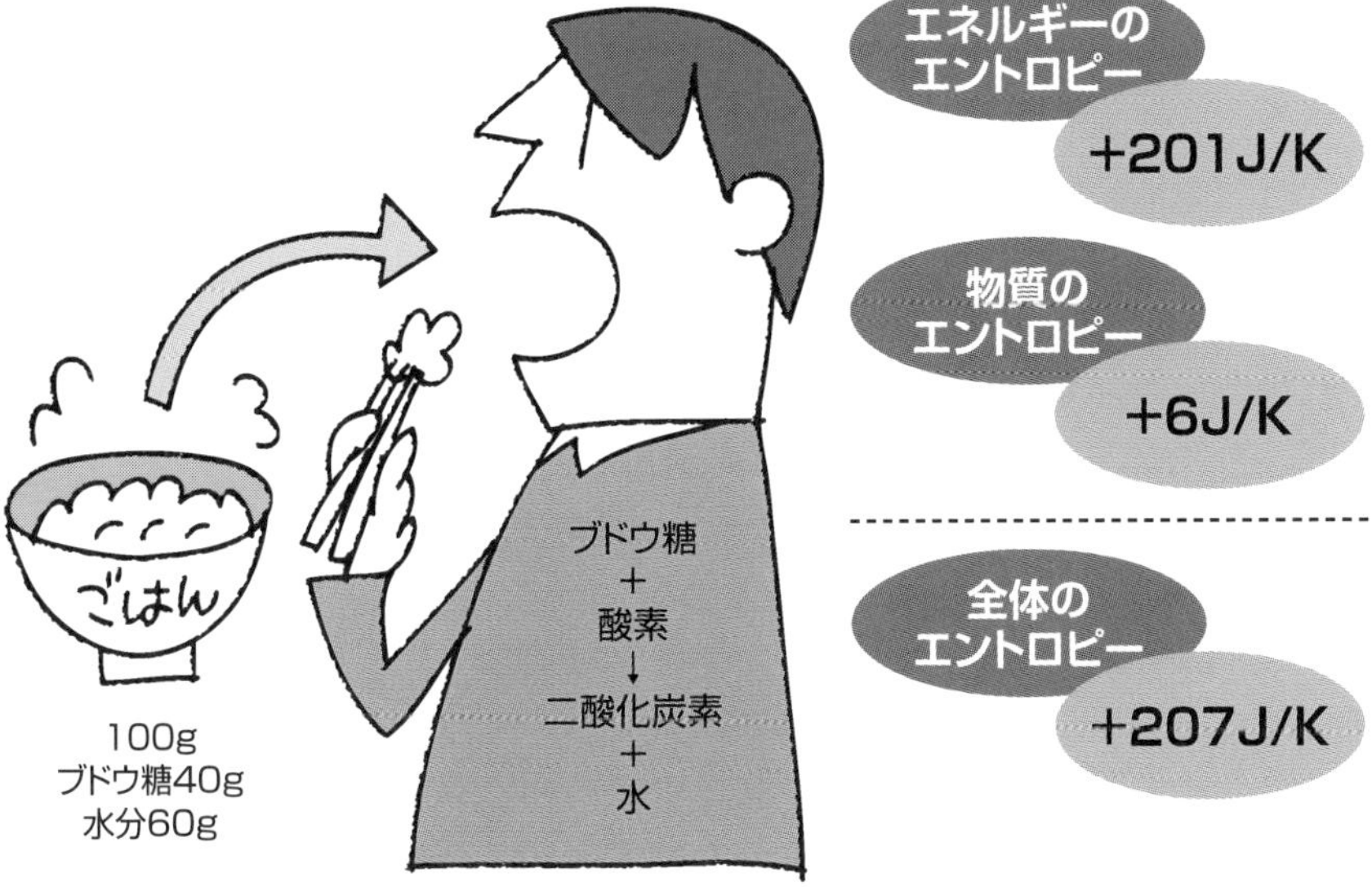

ということは

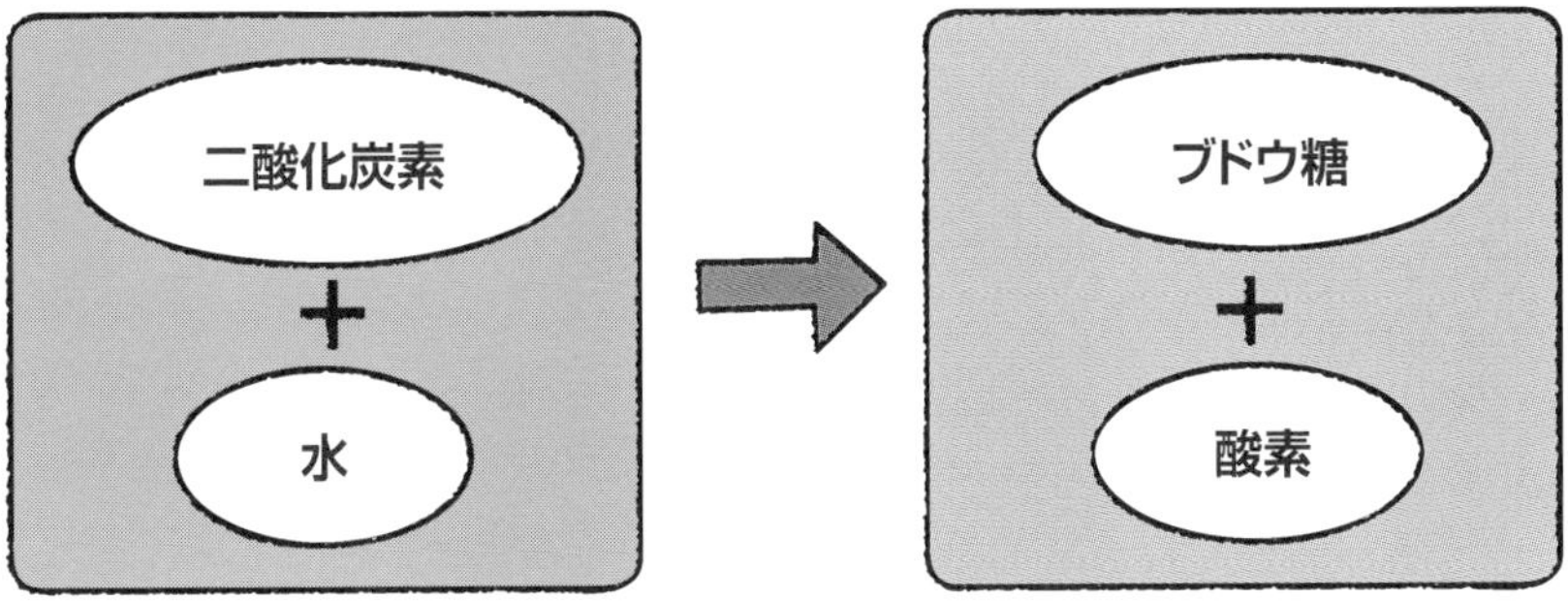

の全体のエントロピーは−207J/Kで自然には起こらない

48 生命活動も太陽光エネルギー

太陽光エネルギーは質の良いエネルギー

植物は光合成によって、質の良いエネルギーである太陽光エネルギーを使い、それがなければ自然には起こらない

二酸化炭素＋水→ブドウ糖＋酸素

の反応を起こし、ブドウ糖と酸素を造ります。その造られたブドウ糖と酸素が、自然に反応して二酸化炭素と水になるのを利用して私たち生物は活動しているのです。

結局、物質は、生命活動によって

ブドウ糖＋酸素→二酸化炭素＋水

光合成によって

二酸化炭素＋水→ブドウ糖＋酸素

を繰り返しています。すなわち、物質はクルクルと循環しているだけで、結局トータルで見ると起こっているのは

太陽光エネルギー→環境温度の熱エネルギー

というエネルギーの質の低下だけであることがわかります。私たちの生命活動もその元は太陽光エネルギーであり、それを光合成により物質に変換して化学エネルギーとして蓄え、その蓄えられた化学エネルギーを使って活動していることがわかります。

なお、二酸化炭素＋水→ブドウ糖＋酸素の反応を25℃で起こすには、この反応だけを見た時のエントロピーの減少２０７Ｊ／Ｋを補償すればこと足ります。

しかし、実際の光合成は複雑で、反応に関与する以外にも水の蒸発などに熱が必要とされています。それらを含めて計算すると、ご飯1杯分のブドウ糖（40g）を造るために光合成を起こすと、全体のエントロピーとして４２５０Ｊ／Ｋもの増大を引き起こすといわれています。植物の光合成で、太陽光エネルギーを利用する効率は、農作物で平均1％以下だそうです。このエントロピーの増大は、光合成の効率が悪いために、よりたくさんのエントロピーの増大を必要としていることを意味しています。

要点BOX

- 物質はクルクルと循環しているだけ
- 植物の光合成で、太陽光エネルギーを利用する効率は1%以下

光合成によって蓄えられた化学エネルギーを使って活動

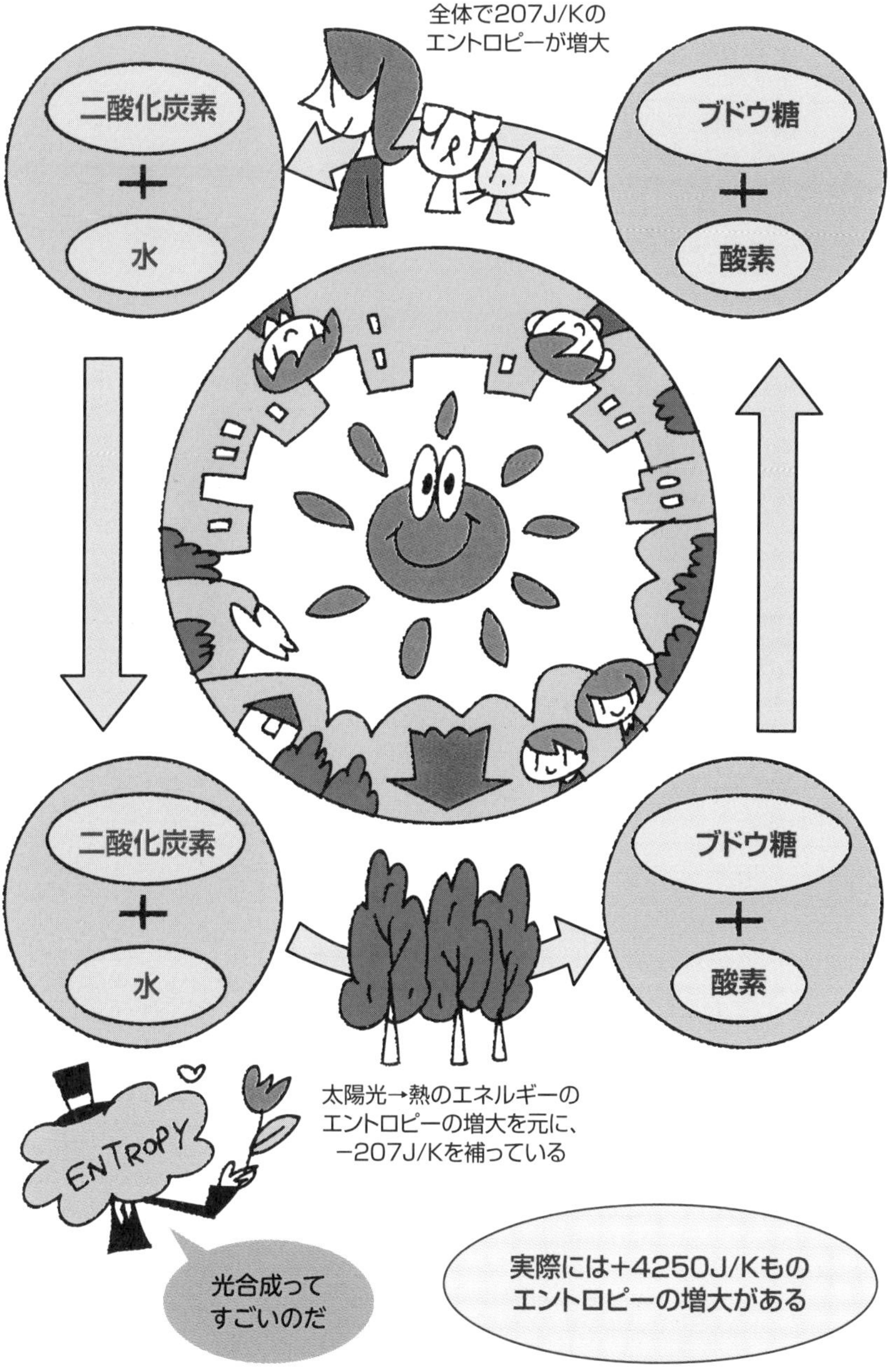
全体で207J/Kの
エントロピーが増大
二酸化炭素
＋
水
ブドウ糖
＋
酸素
二酸化炭素
＋
水
ブドウ糖
＋
酸素
太陽光→熱のエネルギーの
エントロピーの増大を元に、
−207J/Kを補っている
ENTROPY
光合成って
すごいのだ
実際には+4250J/Kもの
エントロピーの増大がある

いたるところで増える エントロピー

私たちの家の中を見てみましょう。冷蔵庫・洗濯機・掃除機・扇風機・炊飯器・エアコン・テレビ・ドライヤー・電磁調理器・パソコン・テレビ・ラジオ・音楽プレイヤー・蛍光灯など、すべて電気エネルギーを利用しています。そして、いろんな機能を果たしますが、最終的に電気エネルギーはすべて熱エネルギーに変わっています。つまり、使えば使うほど、エネルギーのエントロピーを増大させています。ガスコンロ、湯沸かし器、石油(ガス)ファンヒーターなど、これらは化学エネルギーを熱エネルギーに変えて使っています。これも全体のエントロピーを増大させています。そして、私たち人間も活動に伴ってエントロピーを増大させています。

　そして、家の外を見ても、車や電車が走ったり、工場で製品を生産したり、その製品を運搬したりする文明社会の活動に伴っても全体のエントロピーは増大しています。それだけではなく、朝日が昇り太陽光が熱に換わり、水分が蒸発し、風が起こるという、人為的ではない自然現象においてもまた、全体のエントロピーは増大しています。

　このようにこの世で起こるすべての現象に伴って全体のエントロピーは増大しています。でもそうすると、いつの間にか地球上はエントロピーが増大しすぎてどうしようもなくなってしまうのではないでしょうか。

　次章では、エネルギー問題や環境問題をエントロピーの観点から考えてみたいと思います。

第5章

「エネルギー・環境」問題とエントロピー

49 エネルギー問題、実はエントロピー問題！

質の良いエネルギーが無くなる

「エネルギー問題」という言葉をよく耳にすると思います。「エネルギーが枯渇する」という言い方もします。東日本大震災を経験した日本では、私たちの生活を支えるエネルギーの供給をどのようにするかを、国民みんなが改めて真剣に考え始めました。

「エネルギーは無くならない」ということを私たちは知っています。それなのになぜエネルギーが無くなるとか、枯渇するといわれるのでしょうか。そもそも、私たちはなんのためにエネルギーを使うのでしょうか。それは、なんらかの活動を行うためです。そして、どんな活動でも、活動を行うと必ず全体のエントロピーは増大します。ということは、常に「エントロピーの低い、質の良いエネルギー」を供給しないと活動は維持できないということになります。つまり、エネルギーが無くなるとは「質の良い、エントロピーの低いエネルギーが無くなる」ということなのです。

たとえば、現代文明社会に電気エネルギーは不可欠なエネルギーです。それは、電気エネルギーは「質の良い、エントロピーの低いエネルギー」だからです。質が良いので、摩擦や抵抗が無ければ、他の形態のエネルギーに100％変換できます。しかし、天然に質の高い電気エネルギーはありません。したがって、別のエネルギーを電気エネルギーに変換しなくてはなりません。その元が、化石燃料であり、変換する装置が火力発電所なのです。文明としての活動が活発ということは、それだけエネルギーを必要とするということです。日本は、それを維持するために、年間およそ20000×10^{15}Jのエネルギーを取り込んでいます（2017年）。しかし、その中で、実際に有効に使っているのは13400×10^{15}Jにすぎません。なんと、6600×10^{15}Jは質の良いエネルギーを得るために質の悪いエネルギーになったり、変換している間に無駄になったりして、使えなかった熱エネルギーです。30％が使えないのです。

要点BOX

- 電気エネルギーは質が良く、エントロピーが低い
- 日本に供給されるエネルギーの70%しか使っていない

活動には質の良いエネルギーが必要

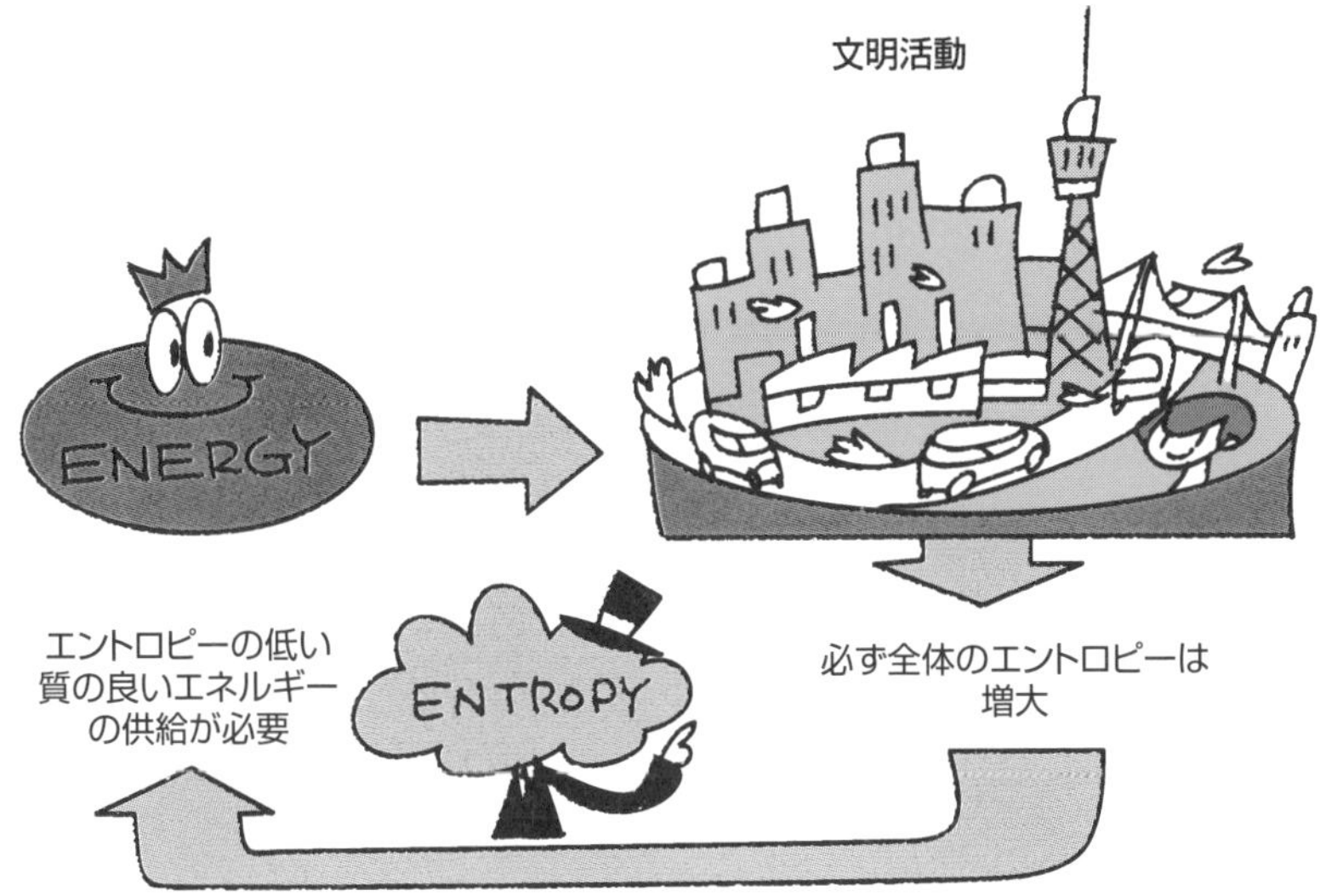

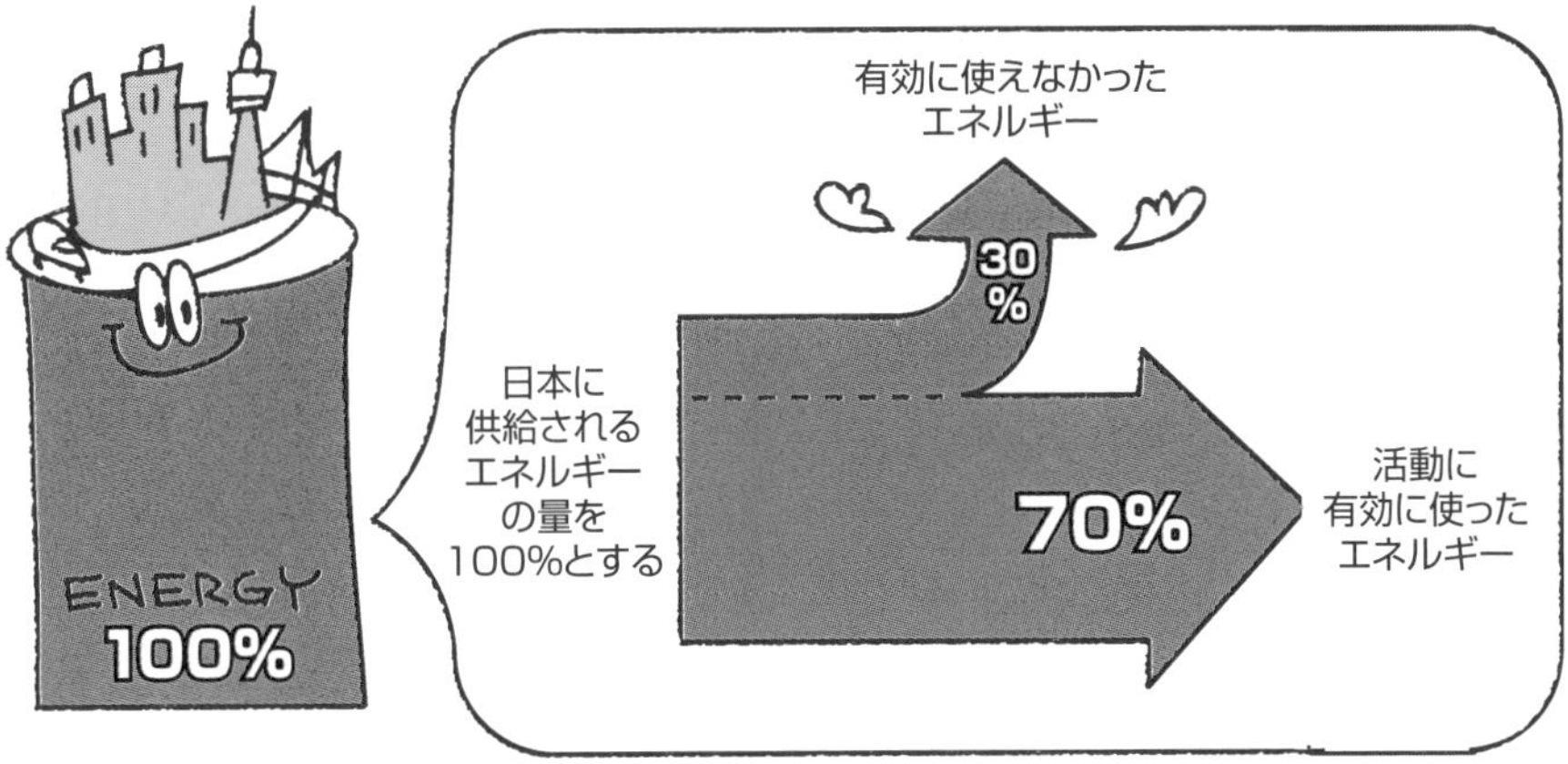

50 化石燃料は優秀な化学エネルギー

現代文明は太古の太陽光エネルギーに支えられている

現在の日本を支えているエネルギーは、ほとんど海外から輸入している石油・石炭・天然ガスなどの化石燃料です。

石油や石炭は、太古の植物や動物が、2〜3億年かけて変化したものと考えられています。その大元は、植物の光合成です。植物は光合成により、太陽光エネルギーを化学エネルギーとして蓄積します。その蓄積された化学エネルギーが、さらに地中深くの地球の作用で、濃縮されたものが石油や石炭です。つまり、化石燃料という物質の形をとっていますが、実は、そのエネルギーの大元は太古の「太陽光エネルギー」です。そのため、物質のもつ化学エネルギーとしてもきわめて優秀で、エントロピーの低い状態にあります。

たとえばエネルギーが濃縮されているので、ガソリンはリットル（L）あたり36×10^{6}Jものエネルギーをもっています。ガソリン車は、ガソリンのもつ化学エネルギーの15〜20%しか、移動するために使っていないのですが、それでも40Lほど給油すると500キロメートル（km）も走れるのです。

考えてみれば、いまの文明社会を動かしているのは、今から何億年も昔の太陽光なのです。とても不思議な感じがしませんか。そして、その何億年も昔の太陽光エネルギーを、2〜3億年もかけて濃縮させた化石燃料を、私たちはわずか数百年のうちに使ってしまおうとしているのです。

また、49項で述べたように、日本に供給されているエネルギーの70%は、文明を動かす活動のために使われていますが、最終的にはすべて環境温度の熱になります。何に使おうが、最後は有効に使われなかった30%と同じです。つまり、日本文明が取り込んでいる、年間およそ20000×10^{15}Jのエネルギーは、最終的にはすべて熱になっているということです。言い換えると、この狭い国土の中で、ものすごい勢いでエントロピーを増大させているというわけです。

要点BOX

- ●日本社会を支える化石エネルギー
- ●何に使おうが最後は環境温度の熱
- ●すごい勢いでエントロピーを増大させている

現代文明を支える太古の太陽光エネルギー

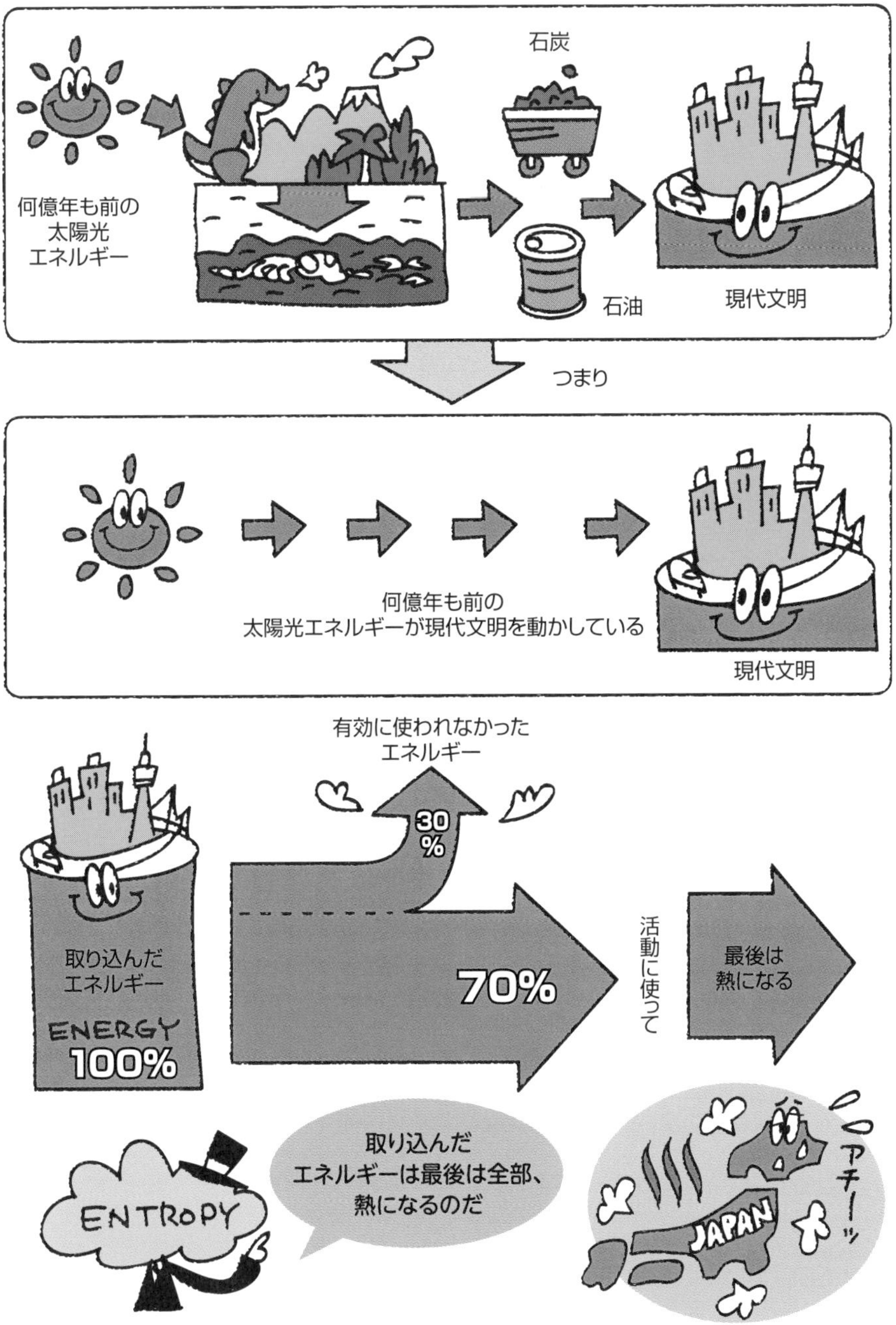

51 「再生可能」エネルギーは何かヘン？

正確には永続的利用可能エネルギー

ニュースや新聞で頻繁に目にするようになった「再生可能エネルギー」。いろんなカテゴリーでエネルギーに名前が付けられるので、混乱してしまいますが、この再生可能エネルギーは、本書で扱った物理的なエネルギーの種類（電気エネルギーや運動エネルギーなど）とは関係ありません。再生可能エネルギーとは、エネルギーの物理的な種類に関係なく、「太陽光、風力その他非化石エネルギー源のうち、エネルギー源として永続的に利用できると認められるもの」とされています。私たちが使う時には、電気エネルギーとして使うことが多いですね。「自然エネルギー」と呼ばれることもありますが、石油も元々は太陽光ですから、自然が造ってくれたものです。イメージとしてはわかりますが、誤解を招きやすい面もあります。

さて、本書では再生可能エネルギーと呼ぶことにしますが、エントロピーを学んだみなさんには、この言葉に違和感を覚えるはずです。なぜなら、再生可能エネルギーも、最終的には必ず環境温度の熱になってしまって、それは元には戻らないはずだからです。要するに何かより全体のエントロピーを増大させること無しに、すべてを元に戻すことはできない、つまり厳密に再生可能なエネルギーなど無いからです。それなのになぜ「再生可能エネルギー」と呼ぶのでしょうか。

再生可能エネルギーの定義には、再生できるとは記されていません。「永続的に利用できる」としてあります。つまり、風力や太陽光は「太陽がある限り」永続的に使えるので、あたかも再生しているかのような錯覚を起こしているのです。あくまでもエントロピーは増大するばかりで、減少することはありません。だから再生はできません。正確に言うと、「再生可能エネルギー」ではなくて、「永続的利用可能エネルギー」と言うべきかもしれませんね。ただし、太陽がある限りということですが。

要点BOX

- ●再生可能なエネルギーなど無い
- ●正しくは「永続的利用可能エネルギー」
- ●太陽がある限りという話

厳密には「再生可能エネルギー」は無い

太陽光
エネルギー
電気
エネルギー
TOM
エントロピーは増大していて減少しない=再生しない
でも…太陽光があれば、ずっと使える
電気
エネルギー
熱
エネルギー
再生してないけど
まあいいか
ENTROPY

52 再生可能エネルギーのエントロピー

エントロピーの増大する量は変わらない

再生可能エネルギーの人間社会への導入を、エントロピーの観点から考えてみましょう。たとえば、風力発電は地表付近に吹く風を使って風車を回して発電します。つまり、風のもつ運動エネルギーの一部を電気エネルギーに換えています。その電気エネルギーを人間社会に取り込み、いろいろな活動をしてエントロピーを増大させて、最終的には環境温度の熱にしています。

ところで、人間が風車を作らなくても風は吹いています。ただ、風車がなければ、風の運動エネルギーは、地表との摩擦などでエントロピーを増大させ、環境温度の熱に換わります。風車があろうがなかろうが、風の運動エネルギーは変わりません。そして、エネルギーは無くならないので、風車で一部を電気エネルギーに変換しなくても、最終的に環境温度になる熱エネルギーの量は変わりません。

つまり、再生可能エネルギーの利用とは、人間がいてもいなくても起こる自然現象に伴うエネルギー変換に手を加えて、一部を人間社会に取り込んで利用することに他なりません。元々、自然に起こる自然現象に基づいていますから、いくら利用しても原理的には新しく環境に負荷を与えることはないはずです。言い換えると、どこでエントロピーを増やそうと、エントロピーの増える量は変わらないということです。

さて、太陽光が降り注ぐと同時に、エネルギーのエントロピーはどんどん増大していますが、そのままではそのうち地表はエントロピーだらけでどうしようもなくなってしまわないのでしょうか。実は、地球は増大したエントロピーを宇宙空間に捨てています。それは夜間、地表から宇宙空間に熱という形態で捨てているのです。

太陽からくる太陽光は質の高いエネルギーですが、地球が捨てる熱は質の悪い、つまりエントロピーの増大したエネルギーです。

要点BOX

- ●エントロピーの増える量は変わらない
- ●地表はエントロピーだらけになる?
- ●新しい環境負荷を生じない

風力発電

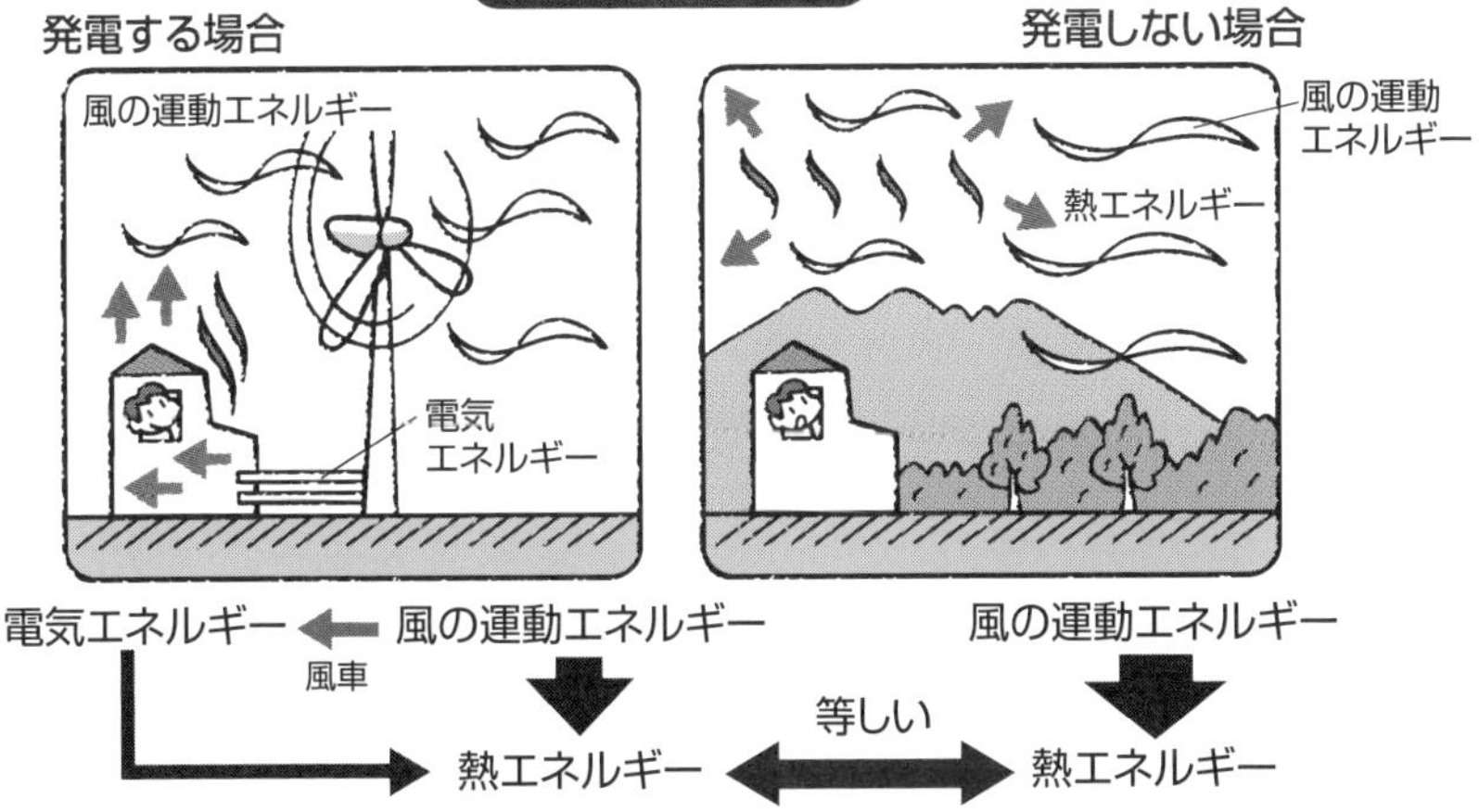

人類がいなくても…

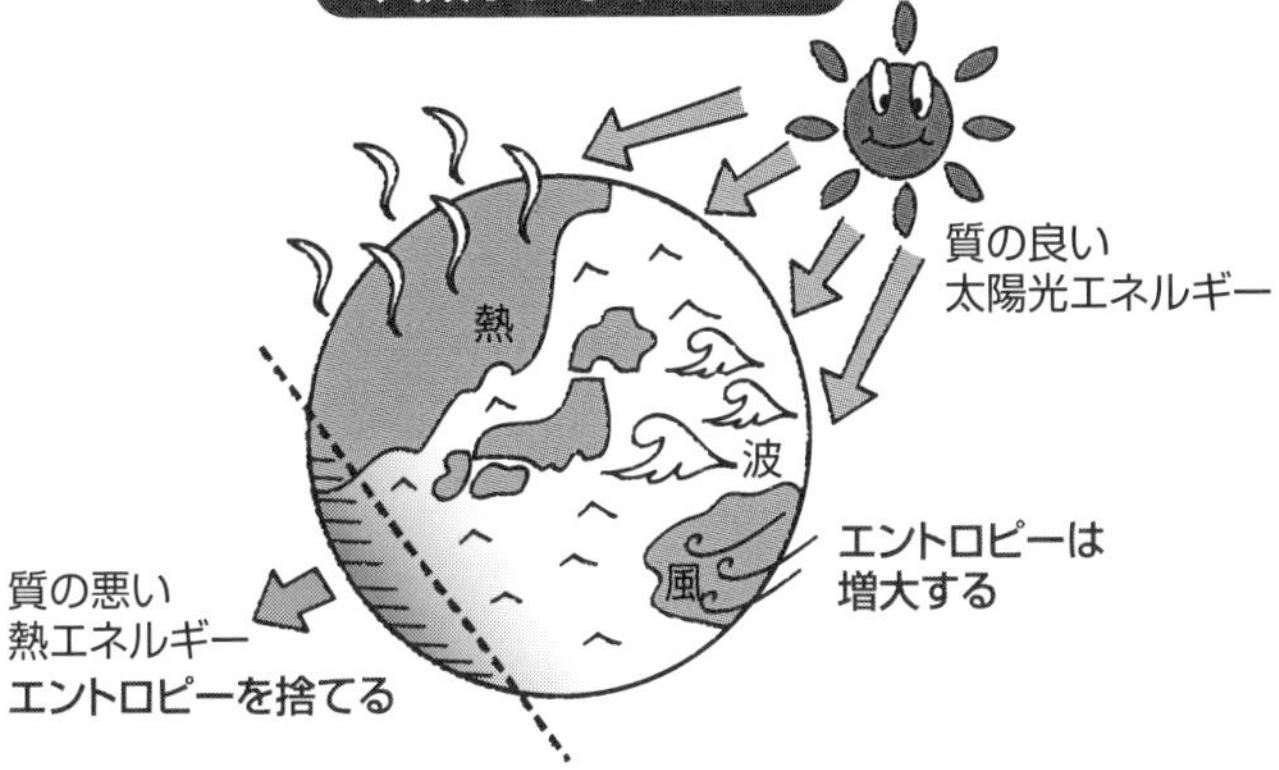

地球環境の自然に起こるエネルギー変換の一部を利用

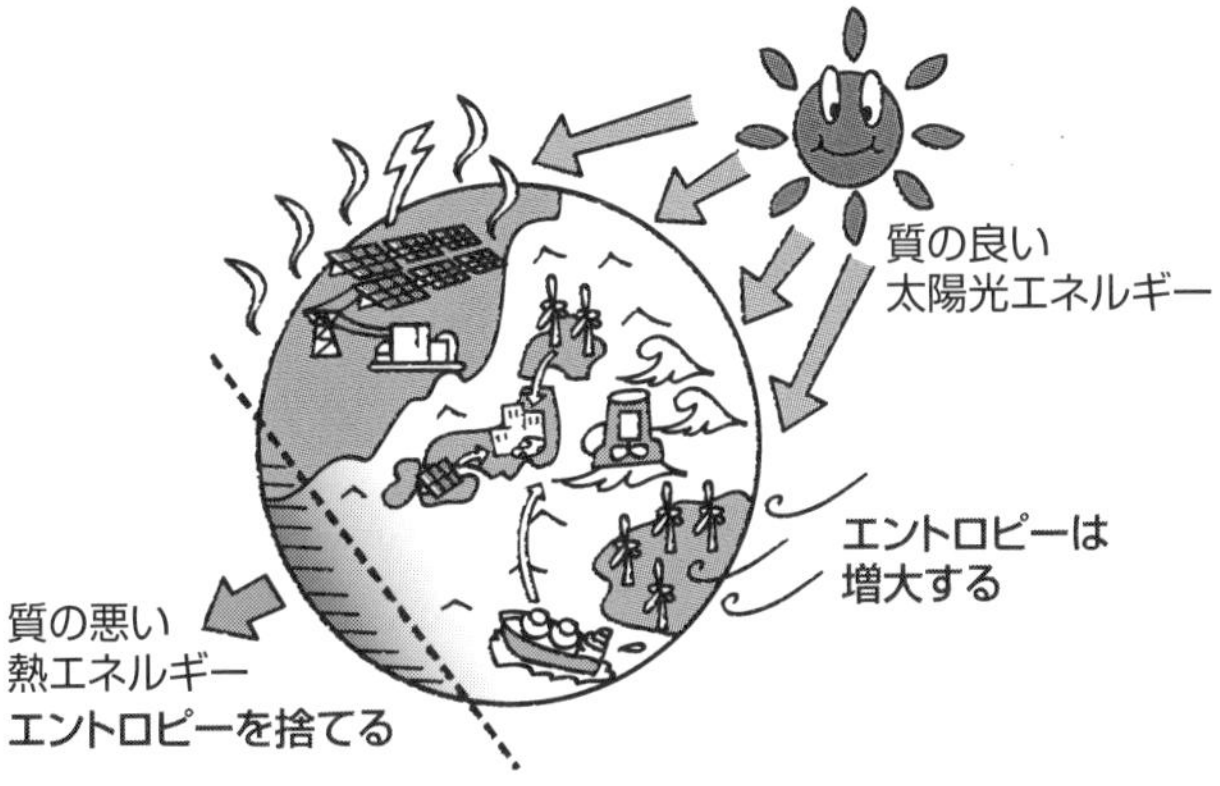

53 水の惑星・地球の不思議

水がエントロピーを捨てる

地表から宇宙空間にエントロピーを放出する際に、水が大きな役割を果たしています。すでに46項の「打ち水」のところでも述べましたが、水の蒸発とは、熱を吸収することによって存在空間を広げるということに他ならず、熱エネルギーのエントロピーを物質のエントロピーに変換する現象です。それは地球規模でも起こっています。

地表の水は熱エネルギーを吸収して蒸発することにより、地表のエネルギーのエントロピーを減少させています。そして、水蒸気になります。水蒸気は、空気よりも軽いので、上昇気流を造って大気上部に上がりますが、その過程で冷えていきます。そして、飽和水蒸気圧を超えると凝縮して水になります。水になる時は発熱するので、物質のエントロピーが減少し、エネルギーのエントロピーが増大します。ただ、凝縮するのは大気上部なので、宇宙空間に向けて質の悪い熱としてエントロピーを放出することができます。

そして、水になると重たいので、重力に引かれて落下し、雨となって再び地表に戻ります。これが「水循環」です。

このように、水は地表で蒸発（地表のエネルギーのエントロピーの吸収）→大気上部で凝縮（宇宙空間にエネルギーのエントロピーの放出）→雨になって地表に戻る、を繰り返して、地表のエントロピーをせっせと大気上部に運んでは、そこから宇宙空間に熱として捨てるという、ポンプのような役割を果たしてくれていることがわかります。

その他にも、水蒸気は雲を造って地球に入ってくる太陽光の30%も反射し、いまの環境を造っています。また、実は水蒸気は温室効果ガスで、水蒸気があるために、地表はおよそ20℃も温度が上昇し、ようやく平均気温15℃を保っています。もし水が無かったら、地表ではこんなに豊かな活動は起こらなかったのではないでしょうか。まさに、地球は水の惑星なのです。

要点BOX

- エントロピー放出に水が大きな役割
- 水蒸気は空気よりも軽い
- 水循環のしくみ

「水循環」で地表のエネルギーのエントロピーを捨てる

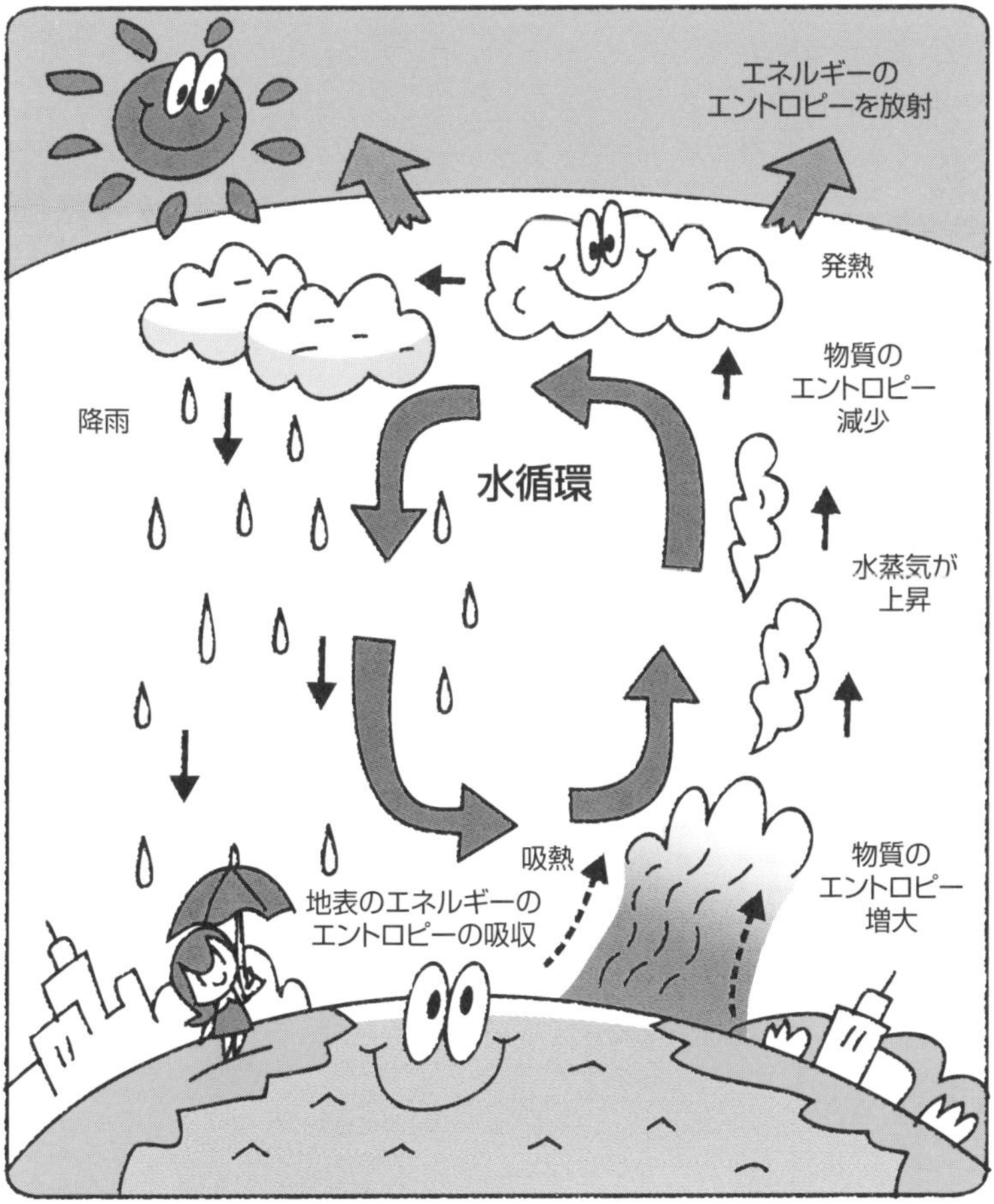

54 持続可能なエネルギーシステム

自然のエントロピーの流れの中へ

太陽から地表に入ってくるエネルギー量と、地表から宇宙空間に放出するエネルギー量は等しくなります。しかし、エネルギー量としては等しいのですが、そのエントロピーは大きく異なります。

太陽光の入射と熱の放出から推定される、地球が宇宙へ捨てているエントロピーは1年間におよそ9×10^{20} J／Kです。これは、人間活動とは関係なく、地表で自然に生じるさまざまな活動に伴って増大するエントロピー分といってよいでしょう。太陽→（太陽光）→地表→（熱）→宇宙空間という自然のエントロピー増大と廃棄の流れが地球には備わっているのです。逆にいうと、地球は自分でこれだけのエントロピーを宇宙に捨てることができるのです。

一方、人類が活動によって発生させているエントロピーは、地球の平均気温を15℃として、1年間でおよそ2×10^{18} J／Kです。この大半を、今は化石燃料に頼っているので、自然のエントロピー増大と廃棄の流れに乗ってはいません。地球から見れば、自然の流れとは別に、大昔の太陽光エネルギーを使って、地表でエントロピーが増大しているわけです。ただし、今のところ、人間活動によって増大するエントロピーは、自然の活動によって生じるエントロピー増大の数百分の1程度でしかなく、エントロピーを熱に変えて宇宙空間に捨てているといえるでしょう。しかし、化石燃料は、いつかは必ず枯渇します。

再生可能エネルギーの導入は、自然に起こるエントロピーの増大を人間社会に取り込んで、私たちの役に立つような形で、エントロピーの増大を行うことに他なりません。言い換えると、人間社会を、自然のエントロピー増大と廃棄の流れの中に組み込もうとすることです。それができれば、化石燃料に頼ることなく、活動に伴って増大したエントロピーを継続的に廃棄できる、持続可能なエネルギーシステムが実現するでしょう。

要点BOX

- ●エントロピーは1年間に約9×10^{20} J/K宇宙へ捨てられている
- ●地球には自然のエントロピー増大と廃棄の流れ

地球のもつ『エントロピー廃棄機構』

人類エントロピー
太陽光
エネルギー
自然界エントロピー
エントロピーの
廃棄
地球は
「太陽光エネルギー→熱エネルギー」という
『エントロピー廃棄機構』
をもっている

55 リサイクルをモデル化しよう

基本は製品→廃棄物→製品

私たちはいろいろなものをリサイクルしています。リサイクルには、定義があるわけではないようですが、「広く再生利用すること」つまり、「一度製品として使ったもの（廃棄物）を、もう一度資源にして、製品の原料として使うこと」としてよいでしょう。

でも、エントロピーを学んだみなさんは、「あれっ？」、と思うはずです。何が起こっても全体のエントロピーは必ず増大します。一度、使い終わったものを元に戻す時にも、エントロピーは増大するはずだと。そのとおりです。ここでは、簡単な例を取り上げ、リサイクルをエントロピーの観点からとらえてみましょう。

まずリサイクルをモデル化しましょう。たとえば、アルミ缶を取り上げましょう。製品としてのアルミ缶が出発点です。

〔過程①〕

アルミ缶を使用し、劣化して（劣化というと大げさですが、いったん使ったら普通はそのままでは使わないので）廃アルミ缶になります。

〔過程②〕

その廃アルミ缶を回収・運搬・選別します。その後、原料として再生させ、アルミ塊を作ります。

〔過程③〕

そのアルミ塊を製造工場に運搬し、製品加工してアルミ缶を再生します。

これで、元のアルミ缶に戻りました。リサイクル完了です。この工程は複雑なのでもう少し単純化します。過程②と③を合わせて1つとみると、アルミ缶→廃アルミ缶→アルミ缶という2つの過程になります。これを、数値を使って議論したいので、モデル的に、銅の酸化と還元を考えてみましょう。つまり、銅→酸化銅→銅のリサイクルです。銅が製品に、酸化銅が廃棄物に対応します。高校の化学で実験された方もいらっしゃるでしょう。この銅をモデルにして、リサイクルに伴うエントロピー変化を実際に求めてみたいと思います。

要点BOX

- 多くのものがリサイクルされている
- リサイクルをエントロピーの観点からとらえる
- リサイクルをモデル化

「リサイクル」はもう一度原料として使うこと

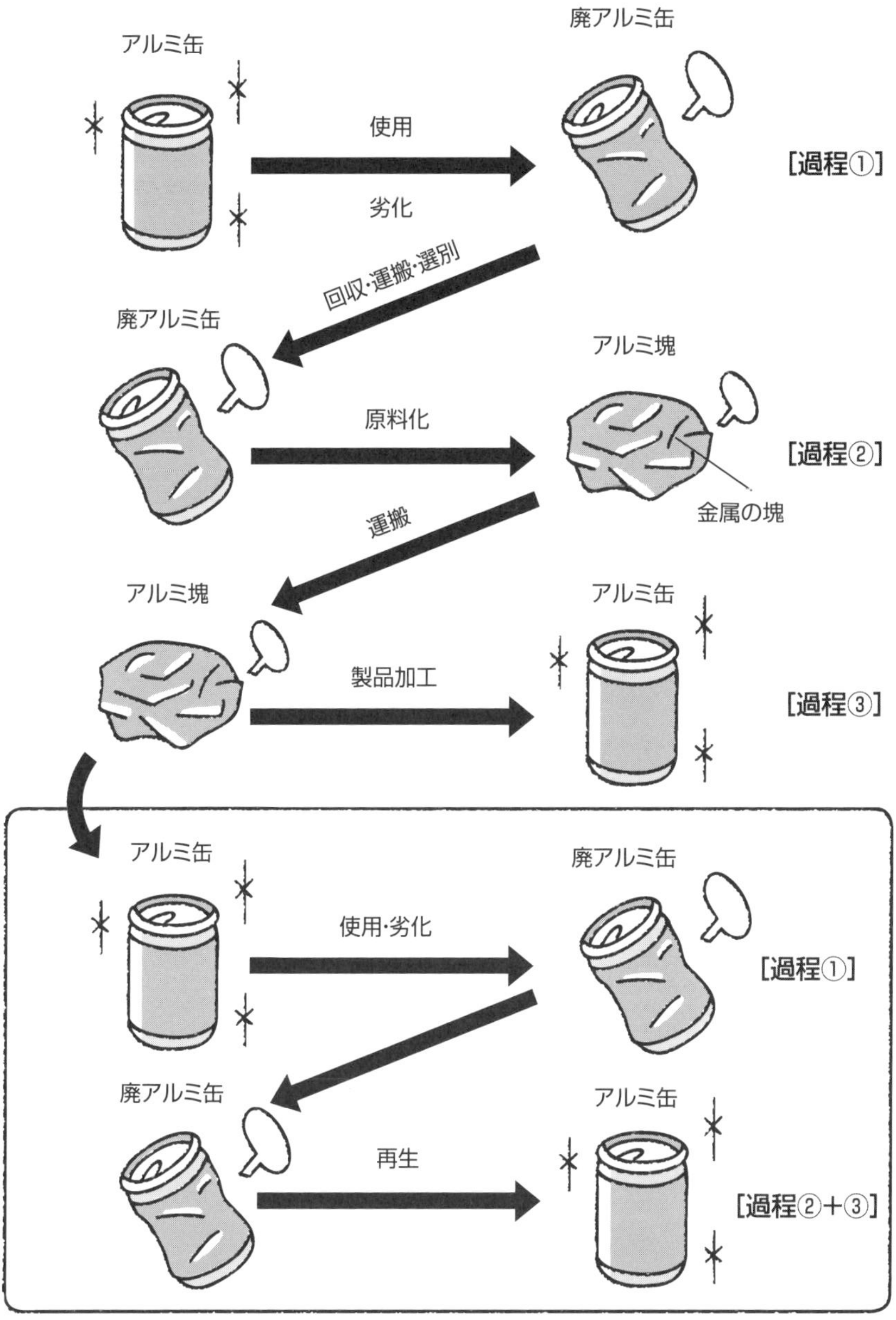

56 劣化と再生のエントロピー

どちらも全体のエントロピーは増大する

室温では反応が進まないので、化学実験で行うようにガスバーナーで加熱して1400℃で行いましょう。まず、試験管に入れた銅9g（10円玉2枚分）を、空気中で加熱します。この時、次の反応が起こります。

銅＋酸素→酸化銅……(1)

$2Cu+O_2 \rightarrow 2CuO$

赤みの光沢のある銅が真っ黒になります。空気中の酸素が銅と反応して酸化銅になったのです。これが廃棄物の状態に対応します。この反応は1400℃、大気中で自然に起こる変化です。ですから、このままいくら加熱しても元には戻りません。

これまで学んできたように、この酸化反応は、酸素が金属の銅にくっついて固体になりますから、大気中を自由に飛び回っていた酸素の存在空間はきわめて小さくなります。すなわち、物質のエントロピーは16J／K減少します。しかし、発熱反応なので、エネルギーのエントロピーは18J／K増大し、全体として2J／K増加するので酸化は進行します。

元に戻すには、炭（炭素）を混ぜてから、加熱します。すると、だんだん金属光沢が戻ってきます。

酸化銅＋炭素→銅＋二酸化炭素……(2)

$2CuO+C \rightarrow 2Cu+CO_2$

このように同じ温度でも、炭を入れると元の銅に戻りました。反応式をよく見ると、銅にくっついていた酸素がとれて、炭素にくっついて二酸化炭素になることがわかります。これも自然に起こる変化です。

この反応も発熱反応で、エネルギーのエントロピーは15J／K増大します。そして、固体同士の反応で気体が発生しますから、物質のエントロピーも16J／K増大します。つまり、エネルギー的にも、物質的にもエントロピーは増大して進みやすい反応で、全体として31J／Kの増大になり、自然に進むことがわかります。このように銅は元に戻りました。まさにリサイクルです

要点BOX

- ●空気中の酸素が銅と反応して酸化銅に
- ●この反応は1400℃、大気中で自然に起こる変化
- ●同じ温度でも炭を入れると元の銅に戻る

使用劣化も再生も、どちらも全体のエントロピーは増大

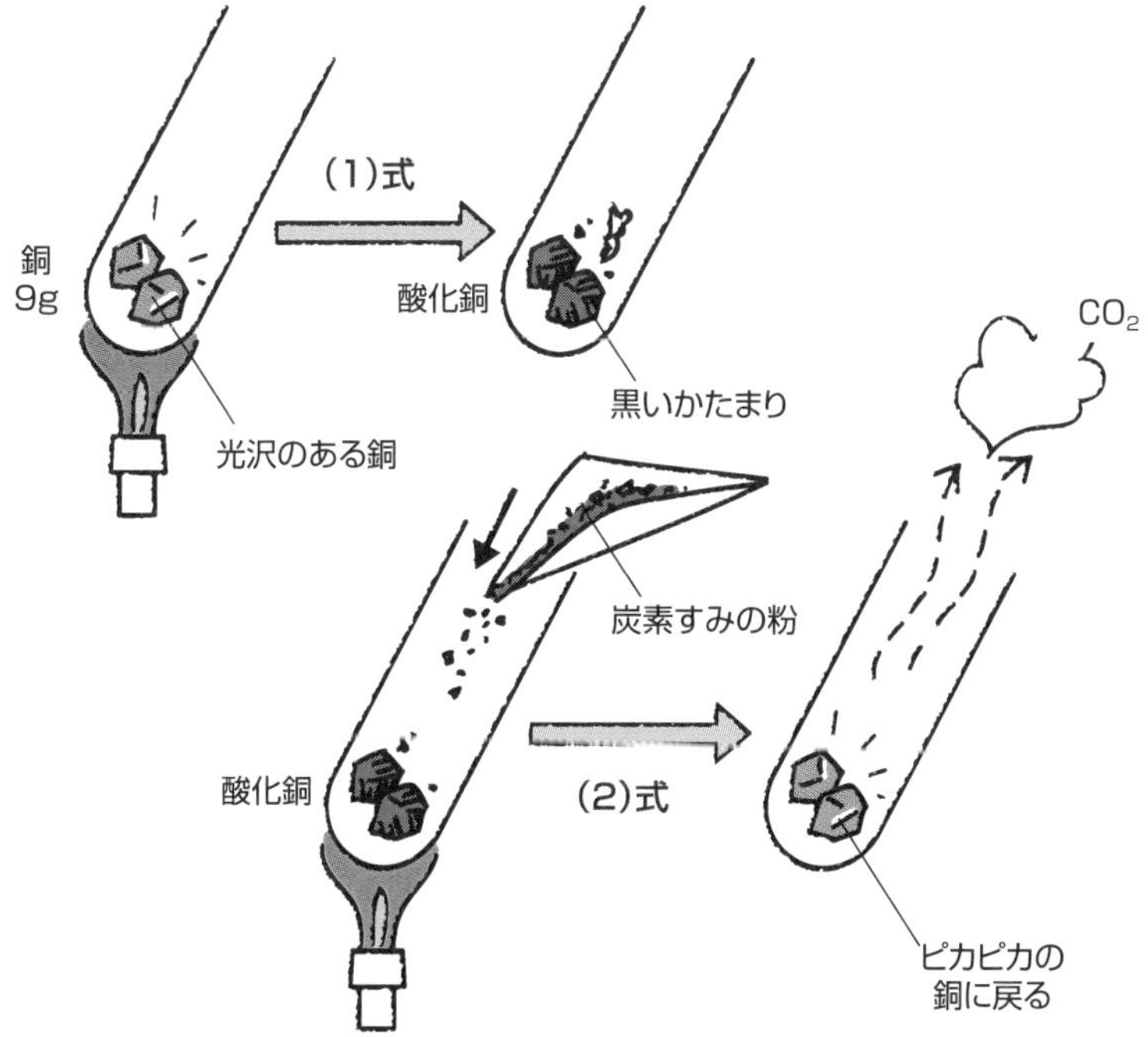

❶ 銅 + 酸素 → 酸化銅(使用劣化)

エネルギーのエントロピー	:	+18J/K	○
物質のエントロピー	:	−16J/K	×
全体のエントロピー	:	+2J/K	○

❷ 酸化銅 + 炭素 → 銅 + 二酸化炭素(再生)

エネルギーのエントロピー	:	+15J/K	○
物質のエントロピー	:	+16J/K	○
全体のエントロピー	:	+31J/K	○

57 リサイクルはしたけれど

ちゃんとエントロピーは増大している

使用劣化過程（銅→酸化銅）も再生過程（酸化銅→銅）もいずれも、自然に反応が進行することがおわかりいただけたと思います。そうでなければ、変化しませんから、当たり前といえば当たり前です。そしていずれの過程でも全体のエントロピーは増大しています。さて、10円玉2枚分の銅は元に戻りました。また製品として利用できます。しかし、一連の変化に伴って全体のエントロピーは増大したはずです。

全体のエントロピーの増大を数値でみると、使用劣化過程で2J／K、再生過程で31J／Kになります。ですから、銅を元に戻すのにトータルで33J／Kの全体のエントロピーの増大があったことになります。このエントロピーの増大は何が起こったからでしょうか。

こういう時に、トータルで見ることが必要です。56項の式（1）と（2）を足し合わせてみましょう。足し合わせて→の右辺と左辺で打ち消し合うものを消去すると、トータルとして次の式が得られます。

炭素＋酸素→二酸化炭素……（3）

$C+O_2 \rightarrow CO_2$

この反応に伴う、全体のエントロピー変化は33J／Kです。ちょうど、銅のリサイクルに伴う、全体のエントロピーの増大と一致しています。

もともと、廃棄物である酸化銅を銅に戻すだけでよいなら、式（2）の逆反応ですから、31J／K分の全体のエントロピーの補償をすればそれでよいわけです。しかし、銅が酸化銅になる過程で2J／K増えていますから、トータルではそれも含めた33J／K分を補償しないと銅のリサイクルはできないことを示しています。その、銅のリサイクルに伴う全体のエントロピーの増大を、式（3）の反応のエントロピーの増大で賄っている、これが式（1）と（2）の過程の本質です。

結局、銅はリサイクルされましたが、炭素と酸素は元に戻らず全体のエントロピーはちゃんと増大したままなのです。

要点BOX

- ●銅を元に戻すのに全体で33 J/Kのエントロピーの増大の補償が必要
- ●トータルで見ることが必要

リサイクルには、別のエントロピーの増大が必要

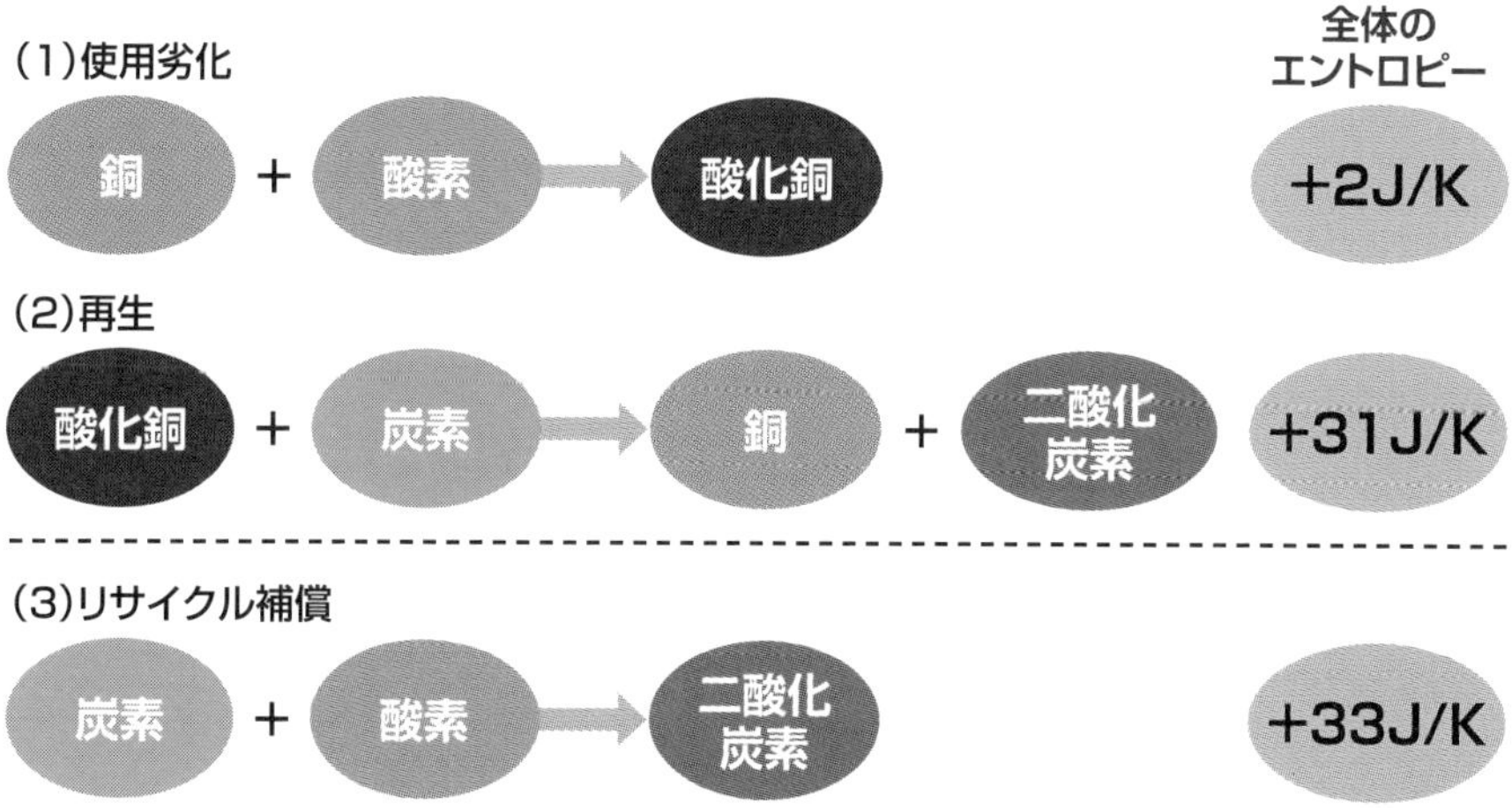

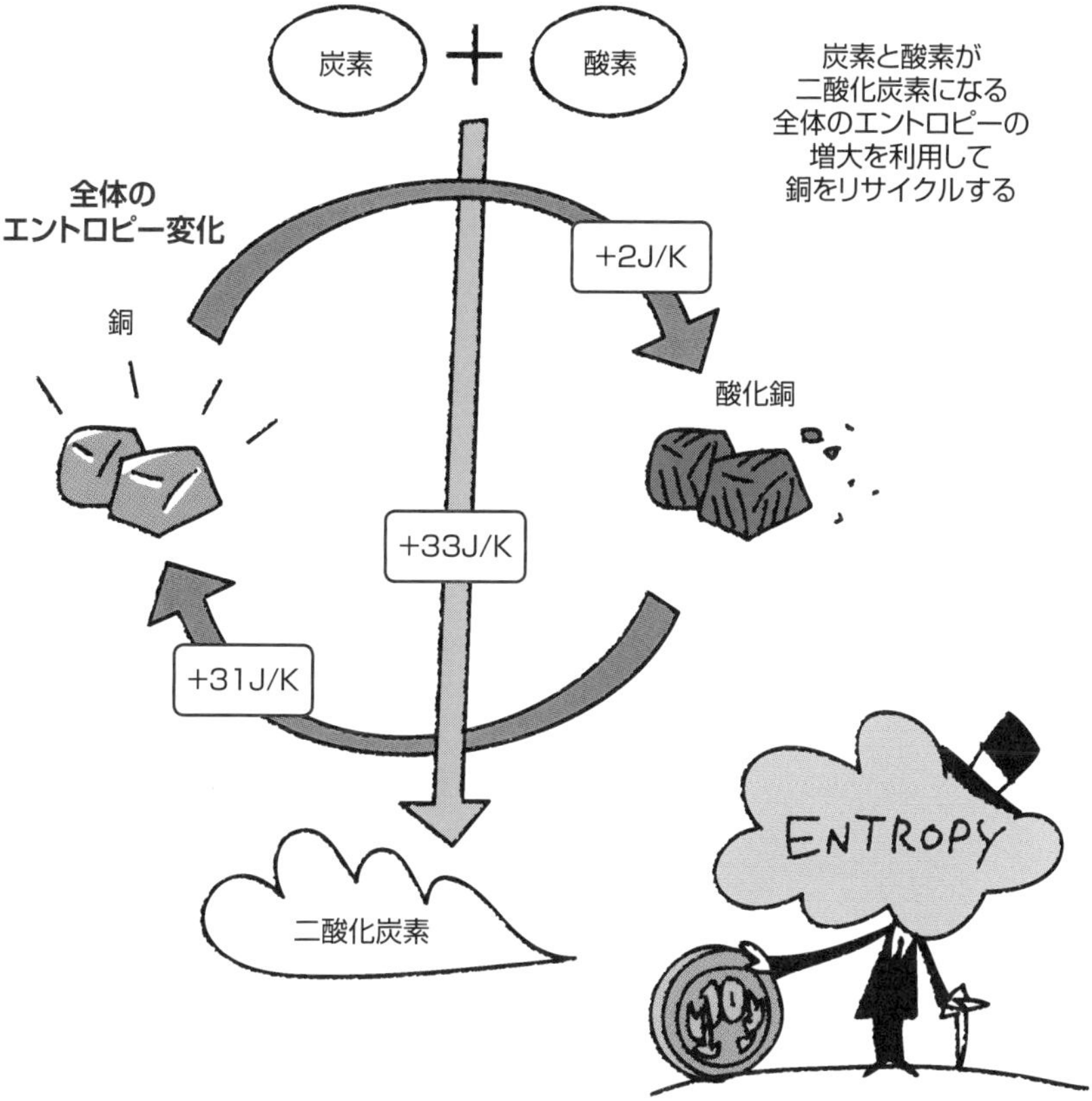

58 意味のあるリサイクルを

「リサイクル」の本当の意味

銅を使って説明しましたが、他のリサイクルでも事情は同じです。銅の例でわかったことをまとめます。

①使用劣化過程も再生過程も、いずれも自然に進むので、必ず全体のエントロピーは増大する。

②注目している物質を元に戻してリサイクルするためには、その使用劣化と再生過程で増大したエントロピーを補償する他の過程が必要である。

③ある物質にだけ注目した場合には、リサイクルしているように見えるが、リサイクルという操作を行った痕跡は必ず残されている。

一部のものだけに着目していると、元の状態に戻ってリサイクルしているように見えますが、それはトータルで見ていないからです。どの過程も自発的に進むわけですから、必ず全体のエントロピーは増大していて、その影響は現実世界のどこかに刻《きざ》まれているはずです。したがって、何でもリサイクルすればよいというわけではないことがわかります。リサイクルすればするほど、全体のエントロピーは増大するというジレンマがあるのです。何をやっても、必ず全体のエントロピーは増大する。それは自然の摂理であって、いくら科学技術が進歩しても、その制約から抜け出すことはできません。

「リサイクルエネルギー」という用語があるようです。これまで捨てていた廃棄物からエネルギーを回収しようという試みのようです。これはこれまで使っていなかった、廃棄物のもつ化学エネルギーを、もったいないからできるだけ使おうということであって、リサイクルしているわけではありません。もしエネルギーをリサイクルしようと思ったら、リサイクルのために、より質の良いエネルギーを使う必要があるので、それこそまったくの無駄になります。

エントロピーの視点をもつと、物事を本質からとらえるができます。みなさんもこれを機会に身近な問題をとらえ直してみてください。

要点BOX

- 何でもリサイクルすればよいというわけではない
- リサイクルするほど全体のエントロピーは増大するというジレンマ

リサイクルの影響は必ず残る

エネルギー
他の物質
製品
廃棄物
ここだけ見ると
リサイクルだけど
TON
全体のエントロピーは
必ず増大する
リサイクルは一部分だけでなく
トータルで見ることが
大切なのだ
ENTROPY
RECYCLE

宇宙は熱的死に向かう

ここまでエントロピーを学んできて、どんな印象をもっていますか。なにをやっても増大してしまう、やっかいなものだという感じがしませんか。また、注意していただきたいのは、全体としてエントロピーが増大すればよいので、部分的・局所的に減少することはかまいません。しかし、時間に対しては、いつ何時でも常に増大していなければなりません。今日だけ全体のエントロピーを減らして、明日それ以上増大させるということはできません。時間に対しては全体のエントロピーは単調に増加するだけです。

　なにをやっても増大し続けるのであれば、この宇宙のエントロピーもいつかは増大しきって、それ以上変化しない状態になってしまうのではないでしょうか。そのような状態を「熱的死」あるいは「熱死の状態」と呼びます。つまり、宇宙は熱的死に向かうというわけです。エントロピーが発見された当時は、宇宙のこともよくわかっていなかったので、そのように信じられていました。

　しかし、いまでは宇宙論が進展し、宇宙に関する観測もたくさん行われ、そんなに単純な話ではないことが明らかとなってきています。ブラックホールはご存じだと思いますが、それがどんどん造られて、それに伴ってエントロピーもどんどん増大しているという説もあります。宇宙の進化をエントロピーの視点で考えるというのは、ロマンを感じますね。

第6章

エントロピーの秘密に迫る

59 この世は「トビトビ」になっている

エネルギーは量子化されている

さて、本章では最後にエントロピーが増大する謎に迫ってみましょう。そのために自然現象について知っておくべき事柄があります。それは、この世は本質的に「トビトビ」だということです。すでによく知っているように、世の中のすべてのものは、原子からできています。そしてさらに原子は素粒子からできていますが、とにかく最小構成単位に行きつくことができます。最小単位があるということは、1個、2個とトビトビに数えられるということです。

ものに最小単位があるのは理解できますが、実は、エネルギーや運動も本質的にトビトビであることがわかっています。素粒子と異なるところは、最小単位があるわけではなく、ただトビトビになるという点です。どのような値をとってトビトビになるのかは、その状態に応じて異なります。私たちが走っている時や車に乗っている時、スピードは連続的に変わっているように思います。実はそれもトビトビの状態をとって変化しているのですが、あまりにトビトビの間隔が狭いので、私たちはそのトビトビを感じないだけなのです。

もし私たちが、原子サイズまで小さくなって走ったとしましょう。その時、最初止まった状態からだんだんと「連続的に」スピードを上げて早く走るということはできないのです。できるのは、止まった状態から急に10km/hの速さになって、次はいきなり20km/hの速さになるということで、途中の速さで走ることができません。

このことをエネルギーに注目した場合、「エネルギーが量子化されている」と言います。原子や分子の世界では、エネルギーや運動も量子化されてトビトビになっているのです。トビトビになっているので、エネルギーの値としてはトビトビの値しかとれません。このエネルギーがトビトビになっているというのが、エントロピーの本質と深くかかわっています。

要点BOX

- ●原子レベルでは運動もトビトビ
- ●トビトビの間隔が狭いと連続に感じる
- ●トビトビは「量子化されている」と言う

原子の大きさだと運動もトビトビ

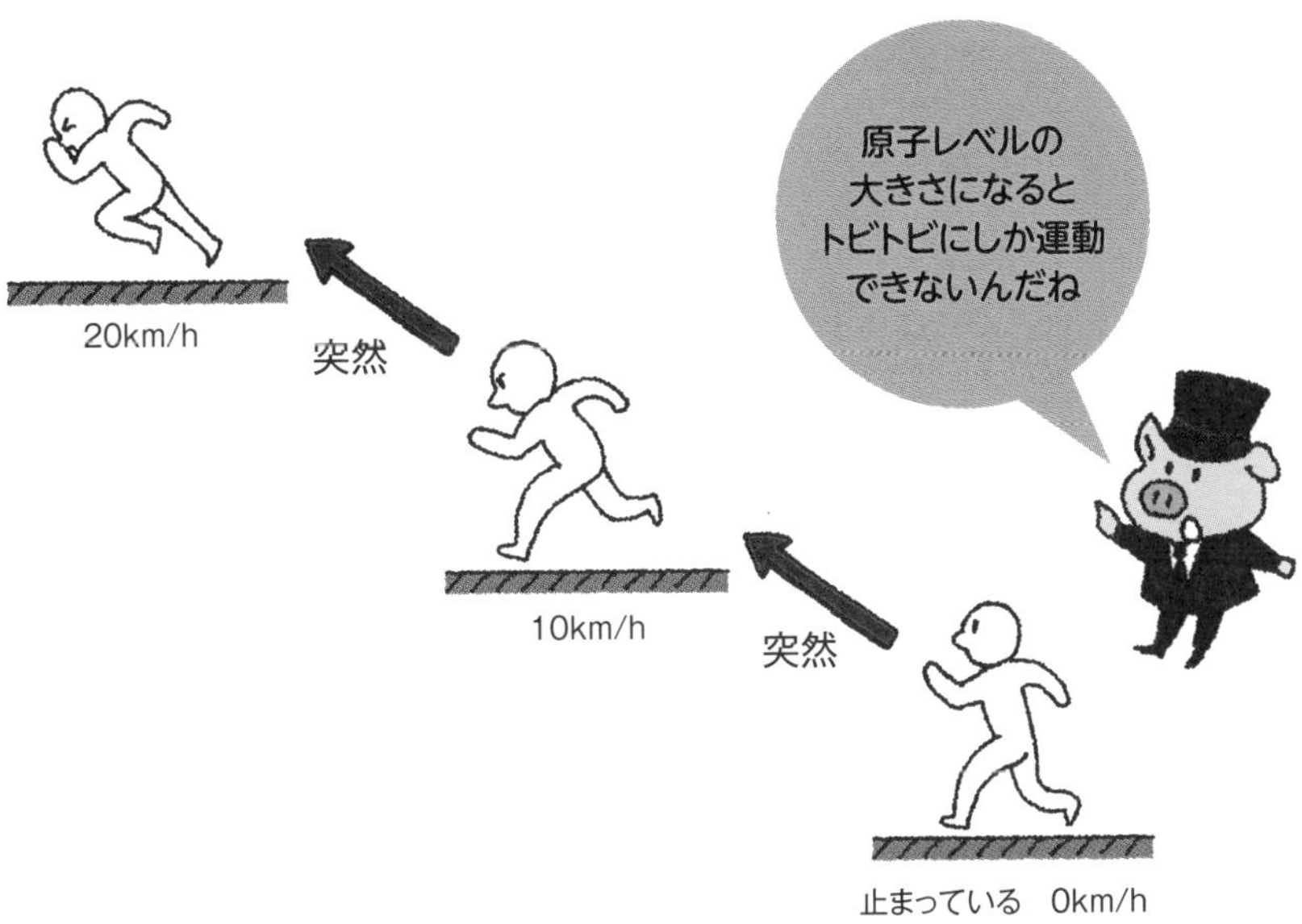
原子レベルの
大きさになると
トビトビにしか運動
できないんだね
20km/h
突然
10km/h
突然
止まっている　0km/h

エネルギーが量子化されている

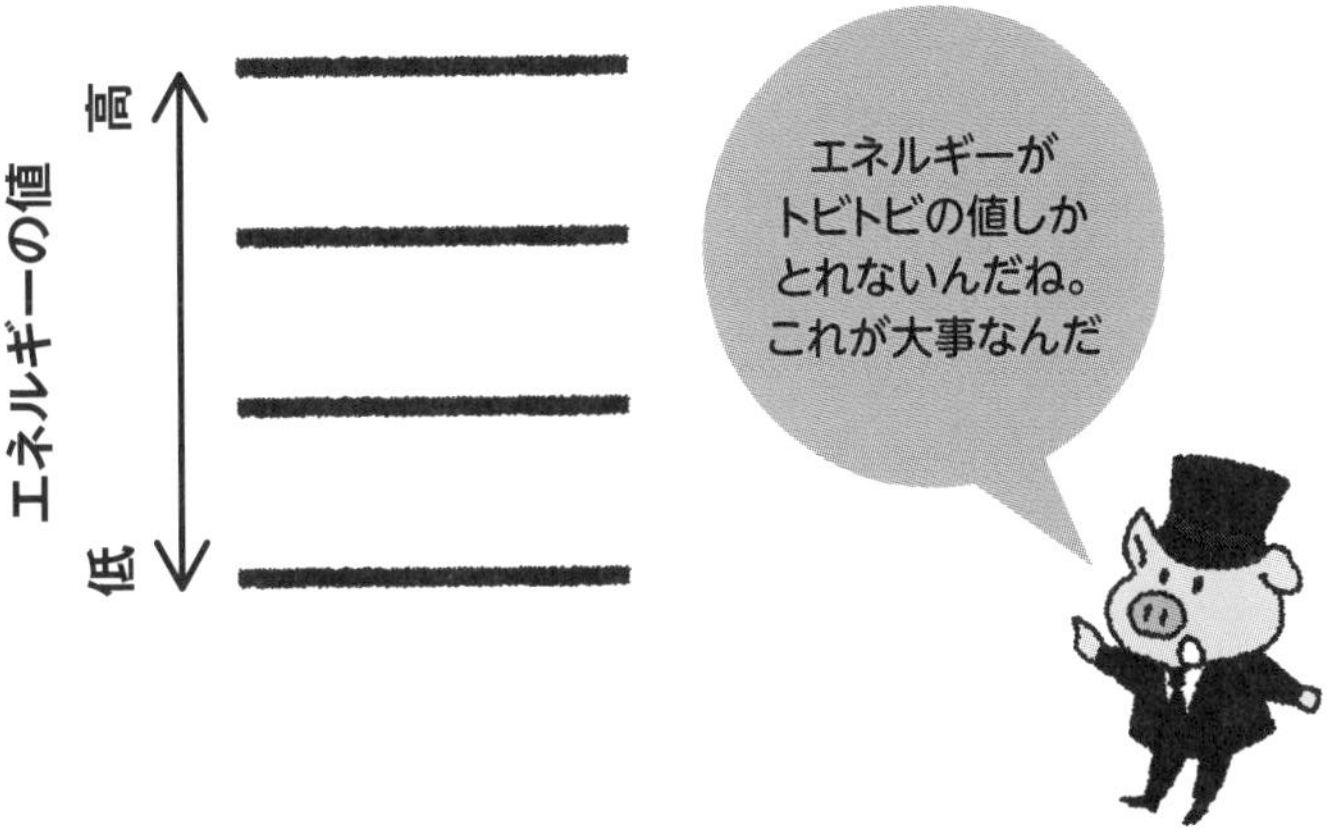
高
エネルギーの値
低
エネルギーが
トビトビの値しか
とれないんだね。
これが大事なんだ

60 気体はいろんな速さで動いている

これがマックスウェル・ボルツマン分布だ

大気圧で25℃にあるアルゴンの気体があったとしましょう。気体を構成しているアルゴン原子はあちこちの向きにバラバラに飛び回っています。原子という、質量をもつものが飛んでいるので、各原子は運動エネルギーをもっています。ただし、その運動エネルギーがトビトビの値しかとれないというのが、自然現象の本質です。それぞれの原子がどのような運動エネルギーの値をとっているか考えてみましょう。

アルゴン原子がアボガドロ数個あった時、25℃で全体としてもつエネルギーは3・7kJとわかっています。つまりアボガドロ数個の原子のもつ個々の運動エネルギーの総和が3・7kJになるということです。これを速度に換算してみましょう。すべての原子がみんな均等に同じエネルギーをもって運動していると考えると、その速度は430m／sとなります。

さて、実際にはすべての原子がこの均一な速度で運動しているのでしょうか。

これは見方を変えると、3・7kJのエネルギーが、アボガドロ数個の原子にどう分けられているかということになります。すべてが均一な速度で運動していたら、横軸に速度、縦軸に存在の割合をとったグラフを作った時に均一速度の430m／sの割合が100％になるはずです。

実際の分布を見てみましょう。352m／sで動いている割合がいちばん多く、0からおよそ1200m／sの範囲で広く分布していることがわかります。すべての原子が均一速度の430m／sで動いているのではなく、けっこういろんな速度をもって運動していることがわかります。

また左右対称形ではなく、右側の分布の方が少し広がっていることがわかります。そのため平均速度は、均一速度と等しい430m／sになります。この分布を「マックスウェル・ボルツマン分布」と言います。

要点BOX

- ●352m/sで運動している原子がいちばん数が多い
- ●平均速度は430m/sになる

いろんな方向にいろんな速さで動く気体のアルゴン原子

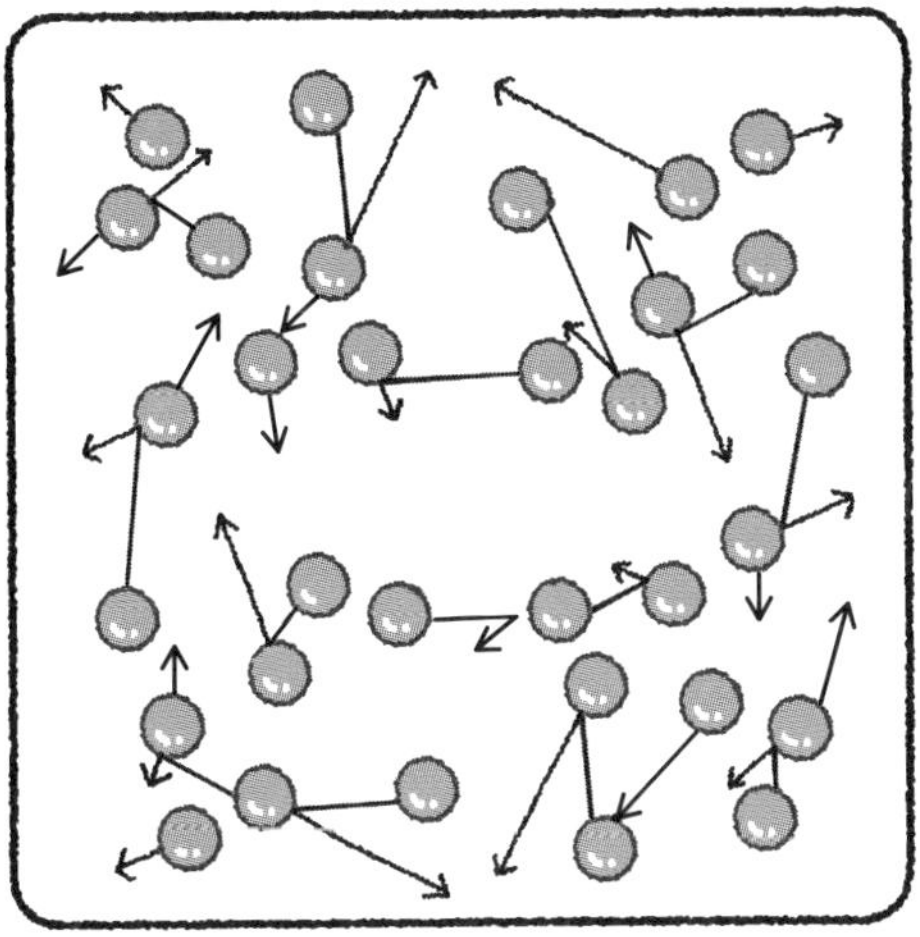

均一速度は430m/s だが、これは、ある原子が他の原子に衝突しない場合に、1秒後に430m 先に行くことを示していて、実際には1秒間に10^{10}回ほど他の分子とぶつかって、延べ430m 動いたのであって、原子がいる位置は1秒後でもあまり変わらない

25℃、大気圧にあるアルゴン原子のマックスウェル・ボルツマン分布

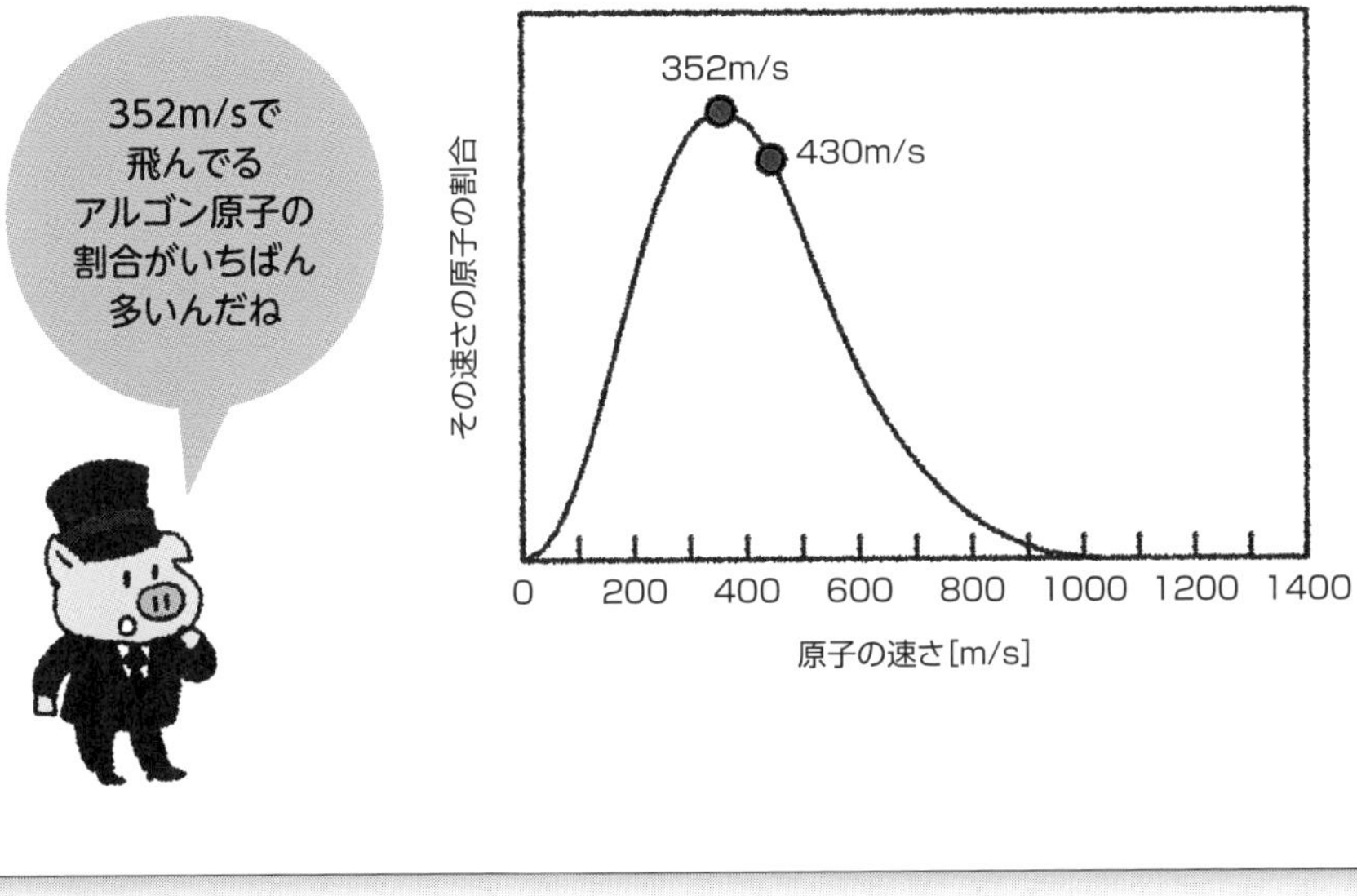

61 マックスウェル・ボルツマン分布を決める2つの要因

状態の数の分布とエネルギー分布

マックスウェル・ボルツマン分布は線で描かれているので、原子は連続の速度をとっているように見えます。しかし、すでに述べたように本当はトビトビです。

トビトビの間隔がどれくらいかというと、なんと0・0000000001m／s程度なのです。つまり350m／sの次は350・0000000001m／sなのですが、これくらいの差はほとんど連続に見えてしまうのです。

さて25℃のアルゴン原子は、なぜこのようなマックスウェル・ボルツマン分布をするのでしょうか。実はこの分布は2つの要因で決まっています。それは、同じ速度の状態（これは同じ運動エネルギーをもつ状態と同じ）がどれくらいあるか（状態の数の分布）と、状態の数とは関係なくそれぞれの速度（運動エネルギー）にどのように分布しているか（エネルギー分布）です。原子が同じ速さで運動していても（この時同じ運動エネルギーをもっています）、右の方に移動しているのと、左の方に移動しているのでは、状態が異なるとみなします。

マックスウェル・ボルツマン分布は、状態の数の分布とエネルギー分布の掛け算で得られます。そこで、状態の数の分布とエネルギー分布を、原子の速さをパラメータにして別々に描いてみましょう。

状態の数の分布は速さの増加とともに2次関数的に増加します。これは速い方がそれだけ多くのいろいろな方向をとれるためです。一方、エネルギー分布は山の斜面のように0付近は緩やかで徐々に減少幅が大きくなり、また、すそ野の方で緩やかに減少する感じになります。

この状態の数の増加とエネルギー分布の減少の兼ね合いで、352m／sで最大値をとるマックスウェル・ボルツマン分布が得られるのです。ただ、2つの要因に分けたとしても、これらの形状から何かを見つけるのは難しそうですね。

要点BOX

- ●トビトビの間隔が狭いから連続に見える
- ●マックスウェル・ボルツマン分布は、状態の数の分布とエネルギー分布の積になる

本当はトビトビなんだけど…

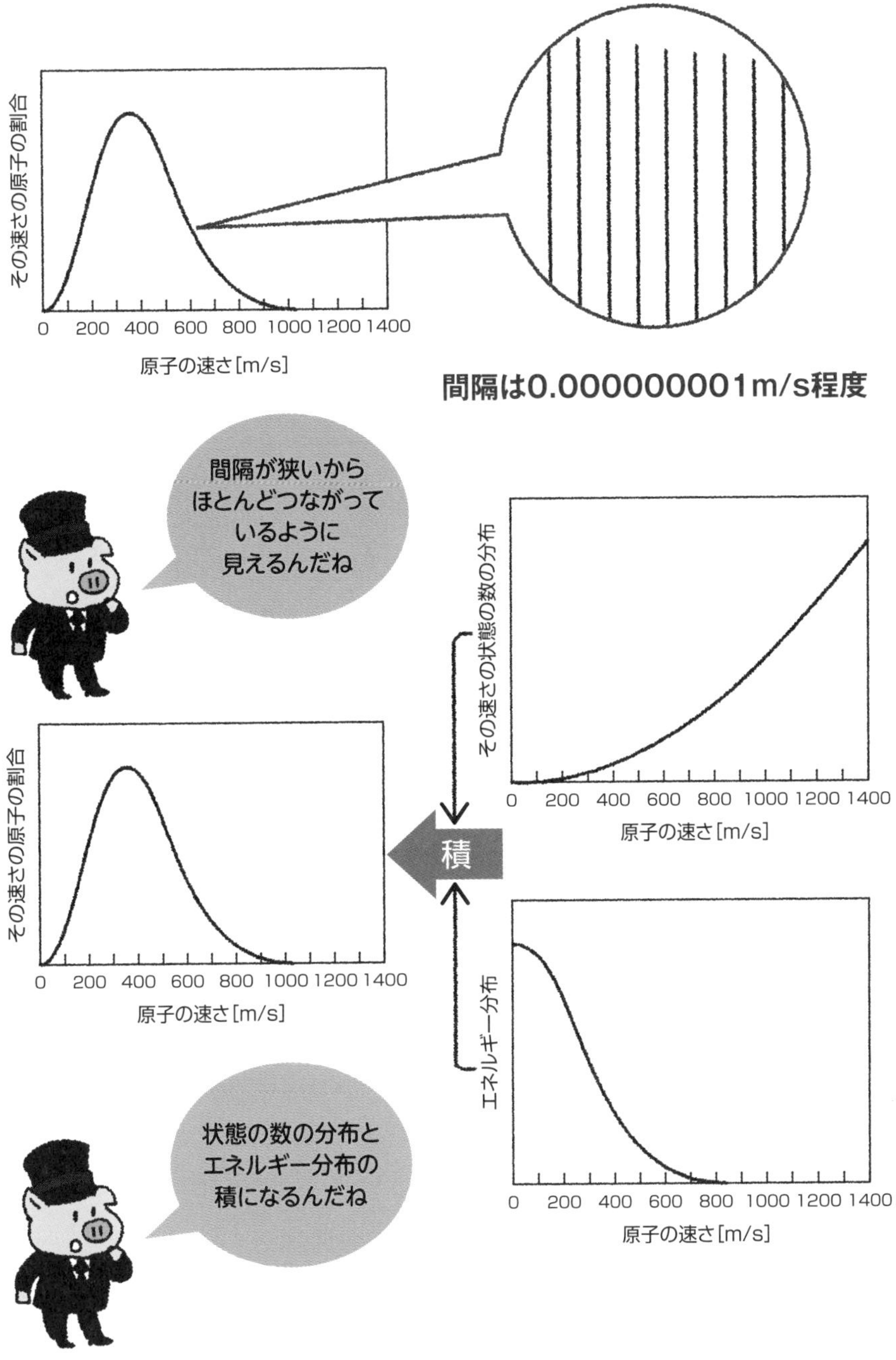

62 見えてきたマックスウェル・ボルツマン分布の秘密

エネルギーで考えるのがミソ

　そこで、マックスウェル・ボルツマン分布において、状態の数の分布とエネルギー分布の横軸を、速度ではなくて、エネルギーにとり直してみましょう。そうすると、マックスウェル・ボルツマン分布は、速度に対しては0から比較的なだらかに増加していましたが、エネルギーに対しては急激に立ち上がっていることがわかるでしょう。そして、0.41×10^{-20} J（352m／s に相当します）において最大値をとって、あとはきれいな裾野をもって減少することがわかります。

　注目すべきは、状態の数の分布とエネルギー分布です。状態の数の分布は、原子のエネルギーに対しては直線的に増加していきます。一方、エネルギー分布は指数関数的に減少していきます。これらの兼ね合いで低いエネルギー値において、最大をとる分布になるのです。状態の数の分布は、考えている対象によって異なります。しかし、エネルギー分布は原則的にこのような指数関数的な減少になります。この指数関数的に減少する分布を「ボルツマン分布」と呼びます。このボルツマン分布こそがエントロピー増大と密接にかかわっているのです！

　マックスウェル・ボルツマン分布は気体がある落ち着いた状態にある時に示す分布です。今、たとえばアルゴン気体を可動式のピストンのついたシリンダーに入れておき、ピストンに力を加えて急激に圧縮したとしましょう。圧縮するということは、ピストンをギュッと押して、ピストンにぶつかったアルゴン原子に力を加えて速度を上げることになります。それはエネルギーを加えることになるので、圧縮している最中や圧縮が終わった直後は、アルゴン原子はボルツマン分布をしていません。ところが、圧縮をやめて少し待っていると、おやおやアルゴン原子は他の原子とボコボコぶつかりながら、スーッとボルツマン分布になっていくではありませんか。原子たちはボルツマン分布を知っているように変化していきます。

要点BOX

- ●速度ではなくエネルギーの分布で考える
- ●ボルツマン分布は指数関数的な減少
- ●自然にボルツマン分布に向かう

エネルギーを横軸にとったマックスウェル・ボルツマン分布

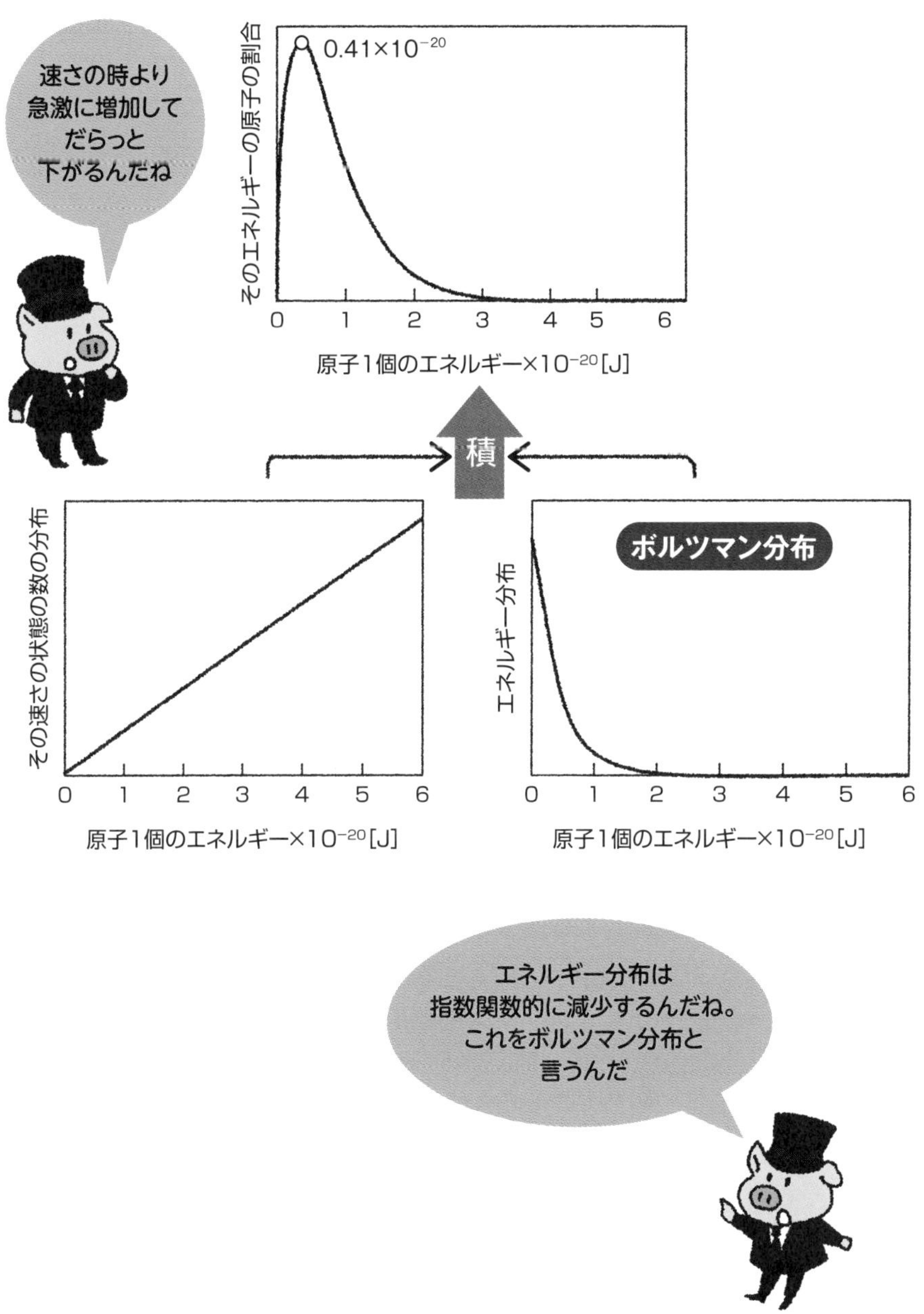

63 自発的なボルツマン分布への変化がエントロピーを増やす

ボルツマン分布はトビトビをトビトビに分配する時に現れる

圧縮するなどのなんらかの方法で状態を乱してやってボルツマン分布からずらしても、状態を乱すことをやめて少し待っていると、原子たちは自発的にその状態でのボルツマン分布に変化していきます。この自発的なボルツマン分布への変化こそが、実はエントロピーを増やす過程に他なりません。それではなぜ原子たちは自らボルツマン分布になっていくのでしょうか。

それを理解するためには、エネルギーが本質的にトビトビだったことを思い出していただく必要があります。エネルギーは本質的にトビトビなので、ボルツマン分布の横軸のエネルギーも本当はトビトビです。そして、アルゴン原子もまた1つ、2つと数えられるのでトビトビです。このどちらもトビトビであるということが決定的に重要です。

このボルツマン分布はミクロな原子たちの状態だけでなく、マクロな社会現象でも見られるのです。たとえば、２０１８年の日本の貯蓄額の世帯分布を見てみましょう。横軸は貯蓄額で縦軸はその貯蓄額をもっている世帯の割合を示しています。貯蓄というのは、ある量のお金を保っている状態なので、お金をエネルギーと考えるとアルゴン原子と似ていますね。そしてお金も0・5円がないように1円単位でトビトビです。その貯蓄額の分布は驚くべきことに、ボルツマン分布になるのです！

このように、ボルツマン分布は自然現象だけに特有に見られるものではなく、トビトビの多くのもの（エネルギーとかお金）をお互いにやり取りできる条件の下で、トビトビの要素（アルゴン原子とか世帯）に分配する時に自然に現れる分布なのです。個々の要素から引き起こされる現象を、要素を集まりとみなして、その性質を数量的に明らかにすることを「統計」と言います。つまり統計的な原理が本質なのです。そのためボルツマン分布を扱う学問は「統計力学」と呼ばれています。

要点BOX

- ●要素の集団的性質を調べるのが統計
- ●ボルツマン分布は統計的な原理が本質
- ●ボルツマン分布を扱う学問が統計力学

乱れた状態は必ずボルツマン分布に向かう

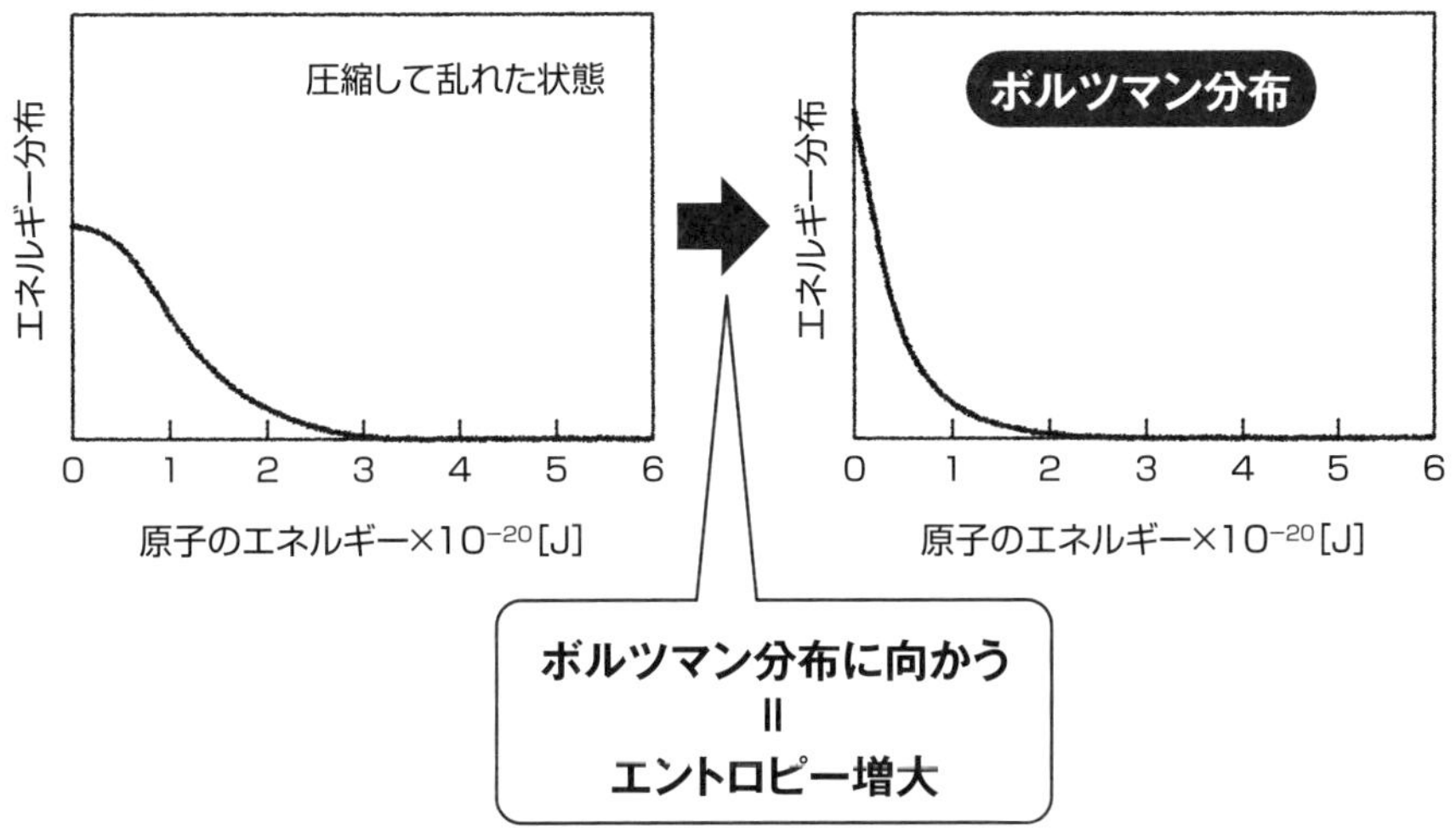

日本の貯蓄額の世帯分布(2018年)

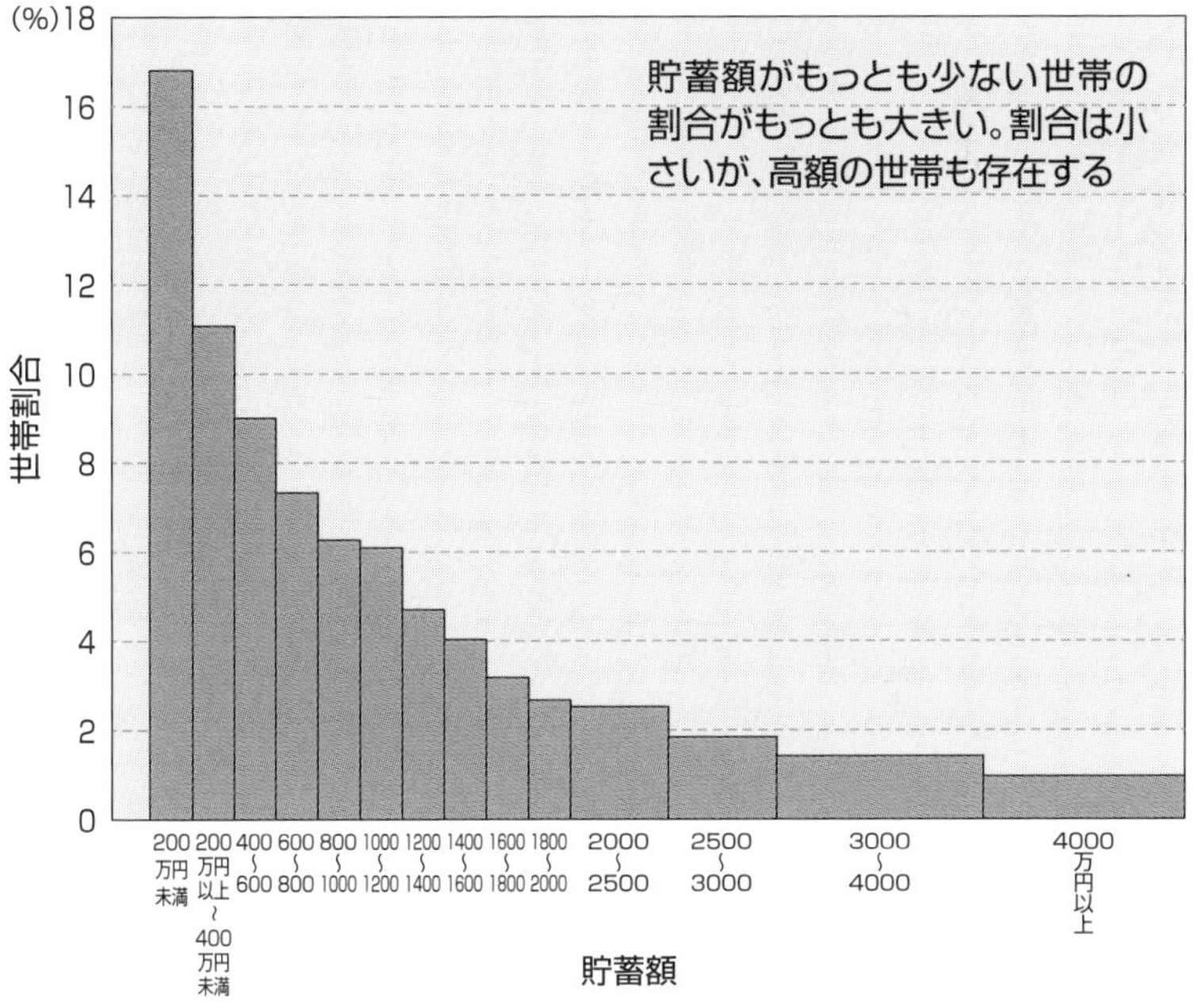

64 自然現象の変化は配分の仕方の数で決まる

配分の仕方の数が多い方に自発的に変化する

　理解しやすくするために数を少なくして調べてみましょう。いま総量として7のエネルギーを9個の粒子に分ける場合を考えてみます。エネルギーの最小単位は1でトビトビです。粒子ももちろんトビトビです。原子がまったくエネルギーをもらわない状態はエネルギー0とします。この時、分け方には15種類あります。これらはどれも原子9個で合計すると7のエネルギーをもちます。

　さらに9個の粒子を区別できるとすると、それぞれの分け方にはもっとたくさんの状態があることがわかります。たとえば、7のエネルギーを1個の粒子がもつ場合でも、粒子が9個あるので、9通りあることになります。そのような場合も数えたらもっとも多い分布はエネルギー3を1個、エネルギー2を1個、エネルギー1を2個、残りの5個はエネルギー0となり、1512通りになります。

　この分布は形がボルツマン分布に似ていませんか。そして実際に実現するのは、いろいろある分布の中で、このもっとも多い分布、すなわちボルツマン分布なのです。

　今やエントロピーがなぜ増大するかを、ボルツマン分布を使って表現できるようになりました。エントロピーが増大するのは、含まれる原子がボルツマン分布をとろうとするためなのです。そして、なぜボルツマン分布をとるかというと、それは他の分布よりもとりえる配分の仕方の数が多いからと考えるのです。なんと、自然現象の変化の方向性は、統計的な単純な配分の仕方の数の大小で決まっていたのです！

　ちなみにもっとも均一に近い分け方はエネルギー1を7個、残り2個はエネルギー0でしょう。この場合は配分の仕方の数は意外なことに36通りしかありません。均一になればなるほど配分の仕方の数は減るのです。1512通りに比べて36通りは明らかに少ないので、均一な配分は起こりにくいのです。

要点BOX

- ●ボルツマン分布がいちばん配分の仕方の数が多い
- ●均一な配分は起こりにくい

できるだけばらけたらボルツマン分布になった

総量として7のエネルギーを9個の原子に分ける場合の配分の仕方の数→15種類

（縦軸：もっているエネルギー値と そのエネルギーをもっている粒子の数　各段の数字：粒子の数）

エネルギー値															
7	1														
6		1													
5			1	1											
4					1	1	1								
3					1			2	1	1	1				
2			1			1			2	1		3	2	1	
1		1		2		1	3	1		2	4	1	3	5	7
0	8	7	7	6	7	6	5	6	6	5	4	5	4	3	2
配分の仕方の数	9	72	72	252	72	504	504	252	252	**1512**	630	504	1260	504	36

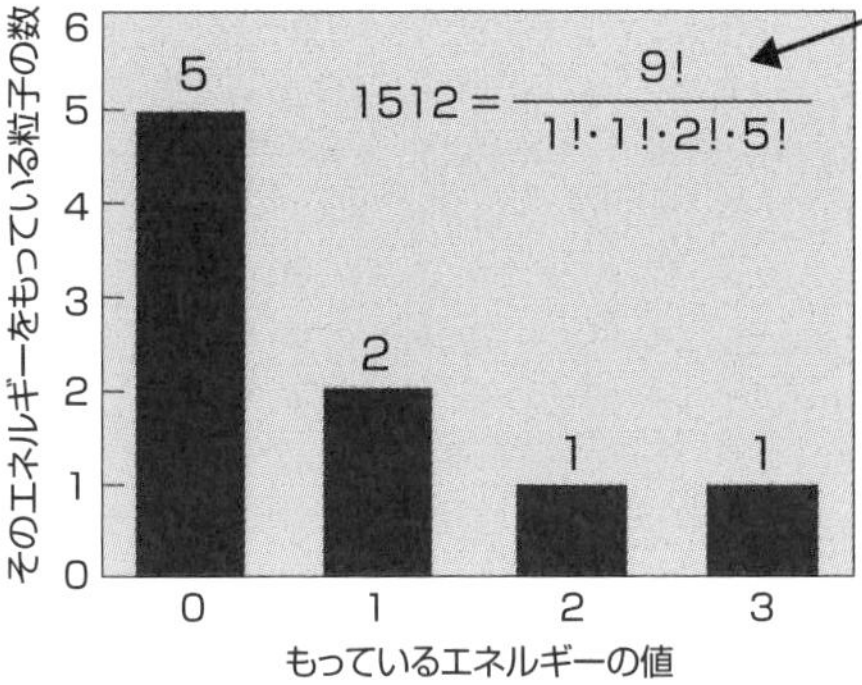

$$1512 = \frac{9!}{1!\cdot 1!\cdot 2!\cdot 5!}$$

9個の粒子がとるエネルギーの総量に制限がなければ、

$$362880 = \frac{9!}{1!\cdot 1!\cdot 1!\cdot 1!\cdot 1!\cdot 1!\cdot 1!\cdot 1!\cdot 1!}$$

がもっとも配分の仕方の数が大きい。つまりすべての粒子がすべて異なるエネルギー値をとる時がもっとも大きい。エネルギーに制限がある時に、できるだけ大きなエネルギー値もとろうとすると、最低のエネルギー値をとる粒子の数が増える。しかし同じエネルギー値をとる粒子の数が増えると上の式で分母の割る数が大きくなり、配分の仕方の数が減る。上の例では(0,0,0,1,0,1,1,6)の個数分布がそれにあたるが、504通りしかない。できるだけいろんなエネルギー値をとりたいことと、同じエネルギー値に集中したくないことの兼ね合いで、(0,0,0,0,1,1,2,5)がもっとも大きくなる

W：配分の仕方の数の計算方法

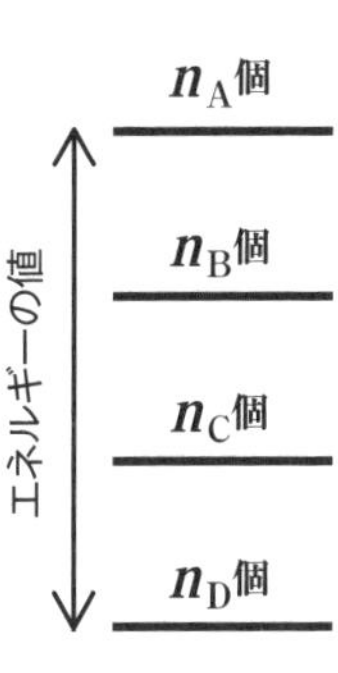

$$W = \frac{(n_A+n_B+n_C+n_D)!}{n_A!\cdot n_B!\cdot n_C!\cdot n_D!}$$

!は階乗

$4! = 4\times3\times2\times1,\ 0! = 1$

エネルギーの値や間隔などまったく関係ない。
どのような組み合わせになっているかだけで決まる

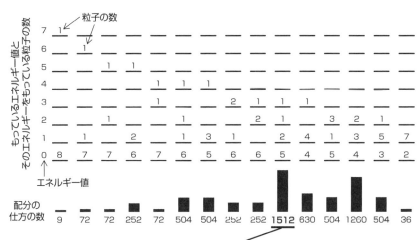

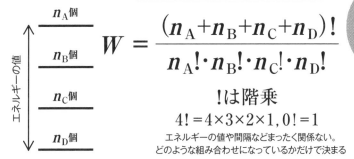

65 ボルツマン分布以外は事実上ゼロ

自然現象も統計的な原理に従う

64項で1512通りと36通りだと、差はあるとはいえ、均一な場合も起こっても良さそうですね。ところが、原子の数が増えてアボガドロ数個くらいの数の原子を対象にすると感じがぜんぜん違ってきます。

今10^{23}個の原子が、ある状態でボルツマン分布にあるとします。そのうちわずか0・0000001％の原子が、ボルツマン分布と違った配分の仕方をとったとします。その配分の仕方の数は、ボルツマン分布の時の配分の仕方の数を1として、わずか$10^{-4343000}$の割合しかありません。これは事実上は無いのと同じです。つまり対象とする原子の数がアボガドロ数個程度になると、ボルツマン分布の時の配分の仕方の数が圧倒的で、そこから少しでも違った分布の配分の仕方の数は、事実上0とみなせるくらいになってしまうのです。

したがって、自然現象は配分の仕方の数で決まるようなので、それがもっとも多くなるボルツマン分布に向かって変化するということなのです。ちなみに、なぜ自然現象は配分の仕方の数が多い状態をとるのかというと、結局、「世の中はそうなっているから」としか言えません。エントロピーが増大する理由は、ボルツマン分布で説明できるように思いますが、そのもっと根本を突き詰めるとなぜかわからないけれど、自然現象も統計的な原理に従っているということなのです。その意味で、やっぱり「なぜエントロピーが増えるのかはわからない」と言ってもよいと思います。

ボルツマン分布において配分の仕方の数をWとすると、エントロピーSは、$S = k_B \ln W$の関係があります。k_Bはボルツマン定数で1.38×10^{-23}J/K、lnは自然対数です。この関係を使って、エントロピーを増大させる要因であった、エネルギーの質の低下と物質の存在空間の増大が、どのようにボルツマン分布とかかわっているのかを見ておきましょう。

要点BOX
- ●アボガドロ数個ではボルツマン分布が圧倒的
- ●結局、世の中はそうなっている
- ●エントロピーは配分の仕方の数の自然対数

ボルツマン分布の場合の配分の仕方の数が圧倒的に多い

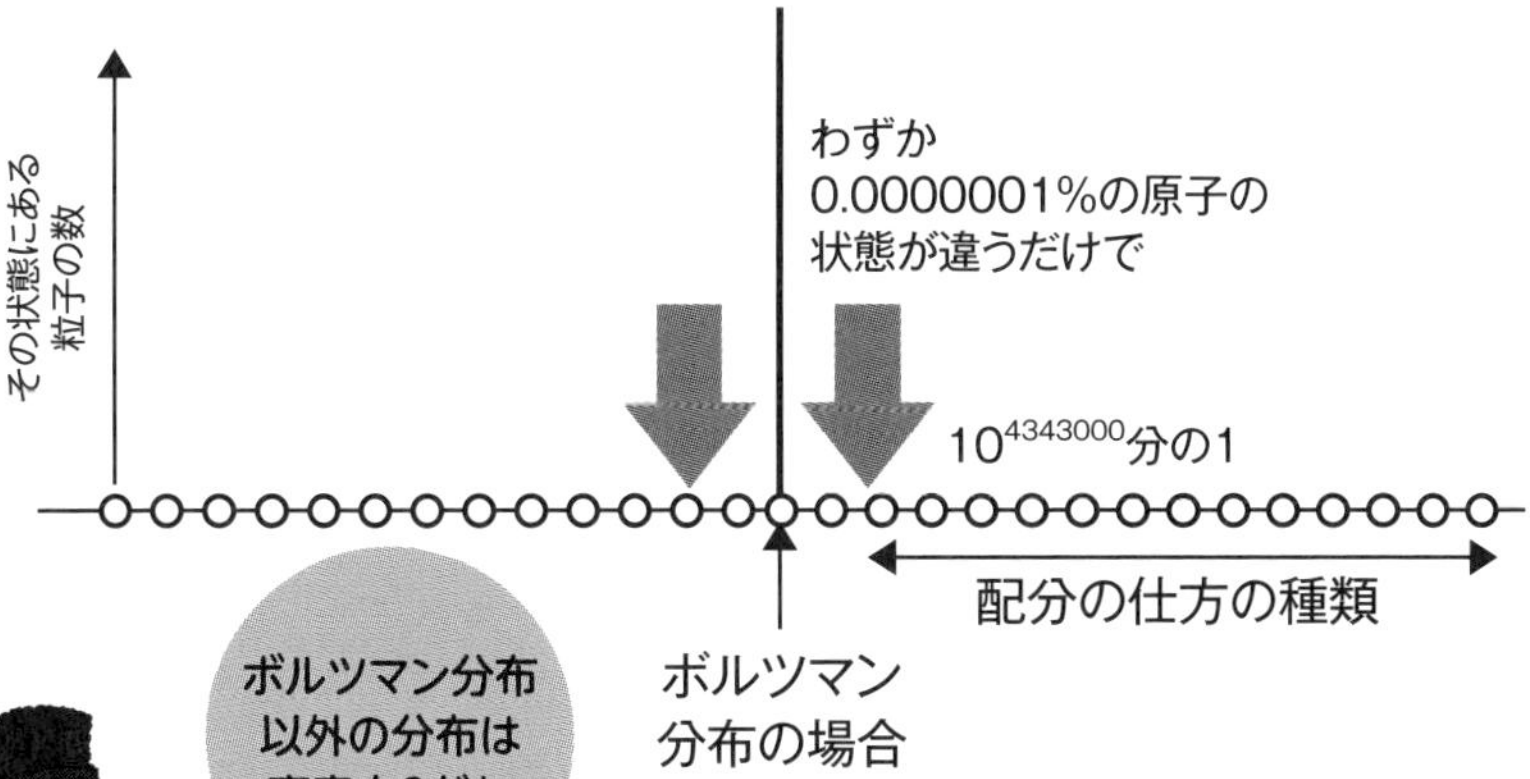
その状態にある粒子の数
わずか
0.0000001%の原子の
状態が違うだけで
$10^{4343000}$分の1
配分の仕方の種類
ボルツマン分布の場合

ボルツマン分布以外の分布は事実上0だね

エントロピーの定義式

$$S = k_B \ln W$$

S：エントロピー[J/K]
k_B：ボルツマン定数
1.38×10^{-23}[J/K]
W：(ボルツマン分布の)配分の仕方の数

この2つの式でエントロピーが計算できるね

自然の摂理

自然現象は、与えられた条件において、配分の仕方の数がもっとも多い状態をとる
↓
配分の仕方がもっとも多いのは、出来るだけばらけているボルツマン分布
↓
自然現象はボルツマン分布に向かって変化する
↓
$S=k_B \ln W$でWが増えるとSも増える

ボルツマン分布に向かって変化 ＝ エントロピーが増える方向に変化

66 エネルギーの質の低下とボルツマン分布

高温から低温への熱の移動は配分の仕方の数が増えるから

エネルギーの質の低下の例として、熱が高温から低温へ移動する現象を考えましょう。同じもので温度だけ異なる状態を考えて、それらが別々にある時と、くっつけて熱が高温から低温に移動して同じ温度になった後の状態を比べてみましょう。あるものの温度が高いということは、温度の低い状態に比べて、それだけエネルギーが大きいことになります。つまり、よりエネルギーの高い状態にある粒子（原子や分子）の数が多いということです。これはボルツマン分布ではより傾斜が緩やかになることを意味します。逆に温度が低い状態ではエネルギーの低い状態にある粒子が多いので、傾斜が急になります。

今、たとえば100個ずつの粒子がそれぞれ200K（マイナス73℃）と600K（327℃）にあったとしましょう。それらのボルツマン分布は、とりうるエネルギー準位を5つとして高い方から入る個数だけ書くと（0、0、0、3、97）と（1、2、6、21、70）となります。それぞれの配分の仕方の数は200Kの方は1.6×10^{5}通りでエントロピーは1.7×10^{-22}、600Kの方は1.1×10^{35}通りでエントロピーは1.1×10^{-21}で、配分の仕方の数はそれぞれの積になるので、1.7×10^{40}通り、エントロピーは和になるので1.3×10^{-21}です。

それらをくっつけると高温から低温に熱が流れて400K（127℃）になります。その状態でのボルツマン分布は粒子が200個になったことに注意して（0、1、4、27、167）となります。この時の配分の仕方の数は2.0×10^{45}通り、エントロピーは1.4×10^{-21}となります。配分の仕方の数は、200Kと600Kで別々にある時よりも、5桁増加していることがわかるでしょう。それに対応してエントロピーも増えています。すなわち、高温から低温に熱が移動するのは、エントロピーが増大するため、すなわち配分の仕方の数が増えるためだったのです。

要点BOX

- 熱は配分の仕方の数を増やす方向に移動する
- 温度が高いとボルツマン分布の傾斜が緩やかになる

高温から低温への熱の移動

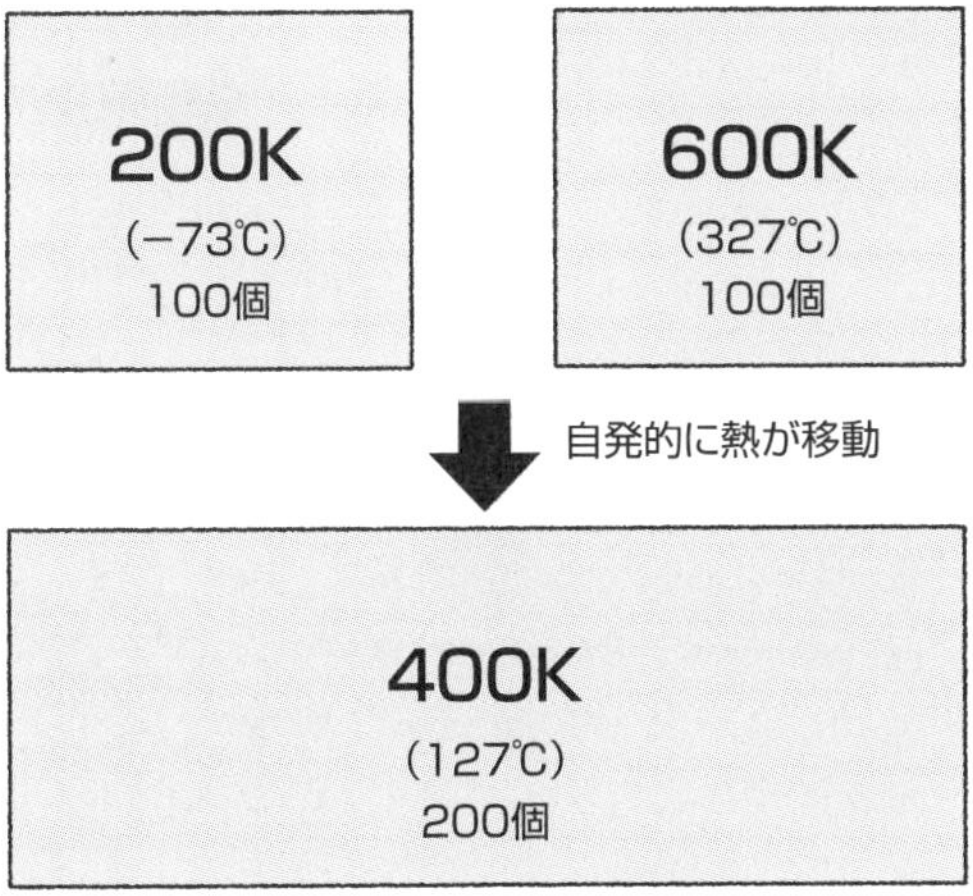

たとえば600Kから200Kにわずか1J（1gの水の温度を0.24℃上げるだけ）の熱が移動したとする。その時、600Kの方から配分の仕方の数が、$10^{52400000000000000000}$分の1減少し、200Kの方で、$10^{167000000000000000000}$倍増える。結果として、配分の仕方の数が、$10^{115000000000000000000}$倍増えたことになり、熱が移動した後の方が、配分の仕方の数が想像できないくらい増えている。そのため必ず、熱は600Kから200Kに向かって移動する

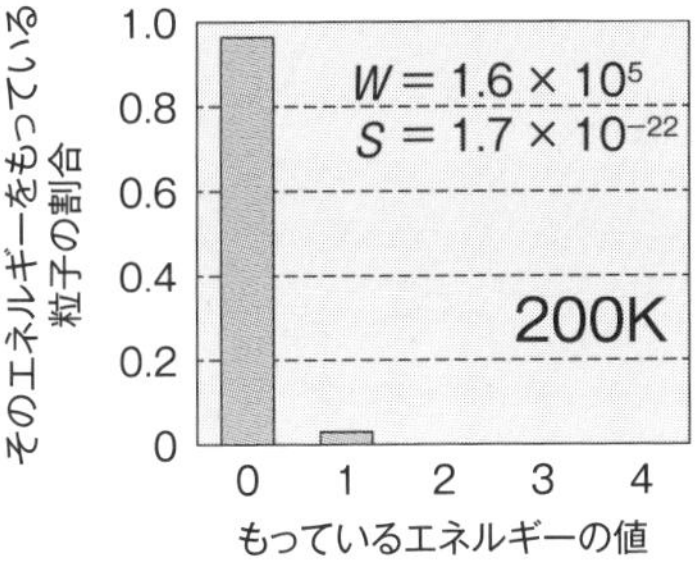

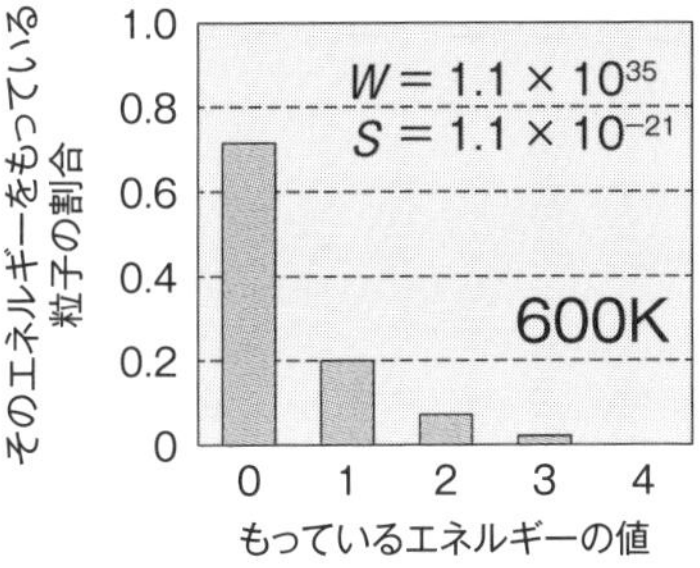

200Kと600Kで
バラバラにある時

$$W = 1.7 \times 10^{40}$$
$$S = 1.3 \times 10^{-21}$$

エントロピーはわずか0.1×10^{-21}J/Kしか増えていないが、Wは5桁増えている

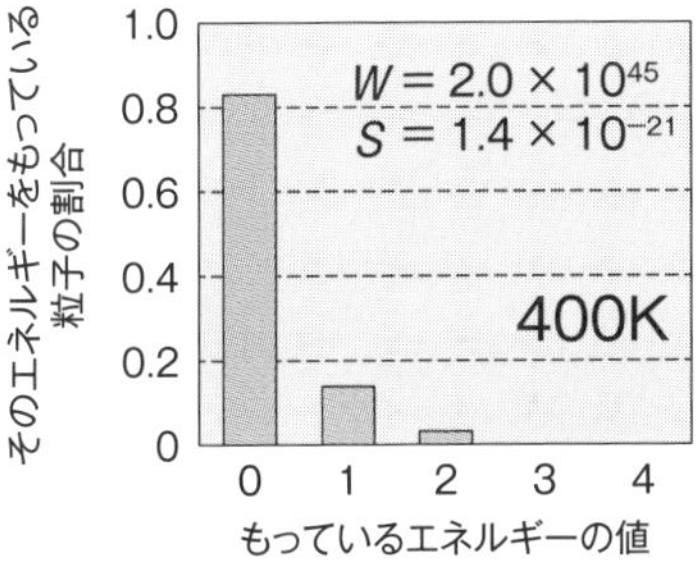

熱が移動して
どちらも400Kになった時

$$W = 2.0 \times 10^{45}$$
$$S = 1.4 \times 10^{-21}$$

67 ものの存在空間の拡大とボルツマン分布

物質が存在空間を拡大するのは配分の仕方の数が増えるから

次はものの存在空間の拡大です。実はものが存在する空間が広がると、トビトビのエネルギーの間隔が狭まります。

同じ温度で、存在空間が広がる前と後の状態を比較してみましょう。200Kにある気体原子100個の分布を考えます。ある体積の存在空間を占める時のエネルギー準位を5つ考えて、その時にボルツマン分布がエネルギーの高い方から(0、0、0、3、97)だったとしましょう。次にその存在空間が広がって体積が増加し、トビトビのエネルギーの間隔が半分になったとしましょう。その時の、ボルツマン分布は(0、0、2、14、84)になります。

存在空間が広がる前は、配分の仕方の数は1.6×10^5通りで、エントロピーは1.7×10^{-22}でした。存在空間が広がった後の配分の仕方の数は4.9×10^5通り、エントロピーは1.8×10^{-22}となり、確かに増えています。

これはちょうど、気体が自由に拡散していって体積を増やした場合に対応しています。つまり、気体が自由に拡散するのは、エントロピーが増大するため、すなわち配分の仕方の数が増えるためだったのです。今は考えている粒子の総数が100個と少ないのでこれくらいの差になってしまうのですが、アボガドロ数個ほどあるとWは∞ほどの差を生じます。

このように、熱が高温から低温に移動することも、ものがその存在空間を拡大することも、どちらも配分の仕方の数が増加する方向に対応することがわかります。そして実現する配分の仕方は、もっとも数が多いボルツマン分布になるのです。よく、エントロピーは「乱雑さの程度」だと言われることがあります。配分の仕方の数が多いことを乱雑だと解釈しているのですが、何をもって乱雑と言うかは明確ではありません。そのため必ずしも適切な表現ではない気がしますが、みなさんはどう考えられるでしょうか。

要点BOX

- ものの存在空間が広がると、トビトビのエネルギーの間隔が狭まる
- 「乱雑さの程度」という表現は適切ではない

気体の自由膨張

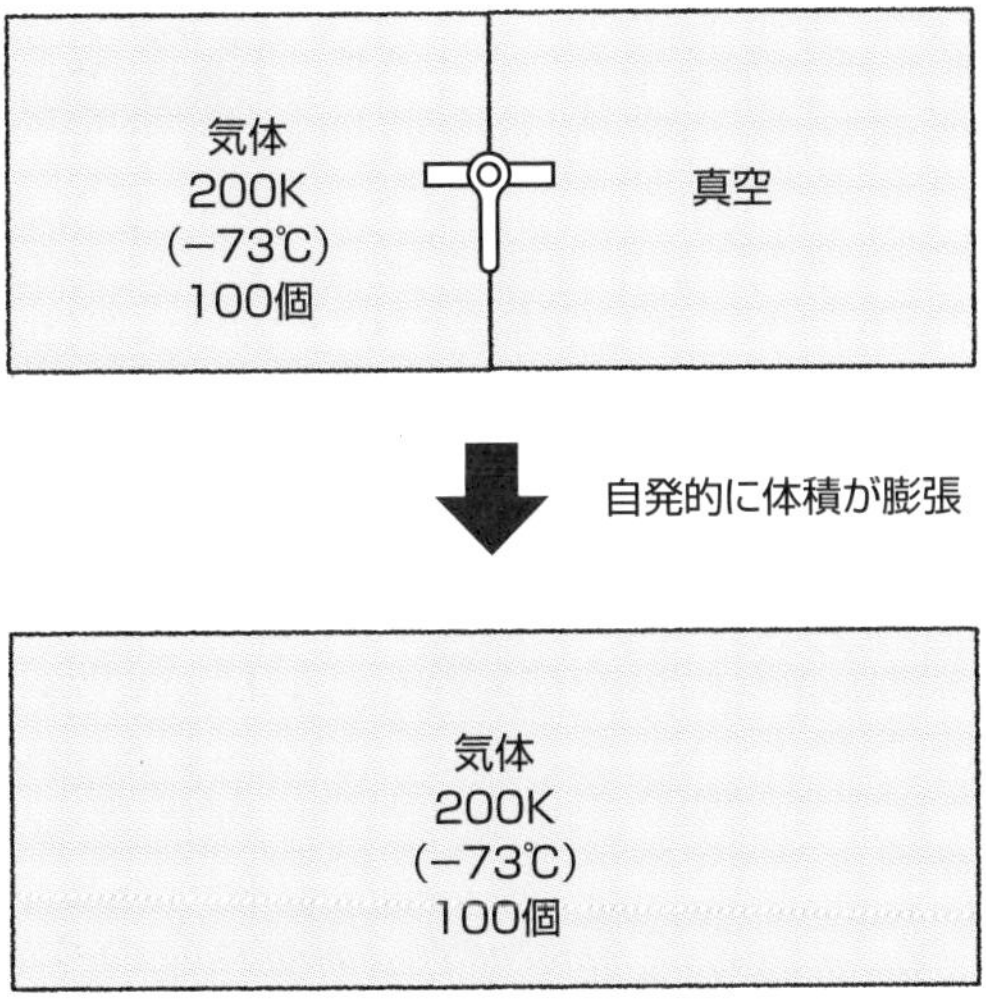

アボガドロ数の気体原子の体積が倍に広がると、配分の仕方の数は、$10^{18000000000000000000000}$倍に増える。体積が広がった方が配分の仕方の数が、想像できないくらいに激増する。これだけ違うので、必ず体積は増加する。
それでも、その時のエントロピーの増加量はわずか5.8J/Kにすぎない。エントロピーの増加量がわずかでも配分の仕方の数の増加は莫大なことがわかる

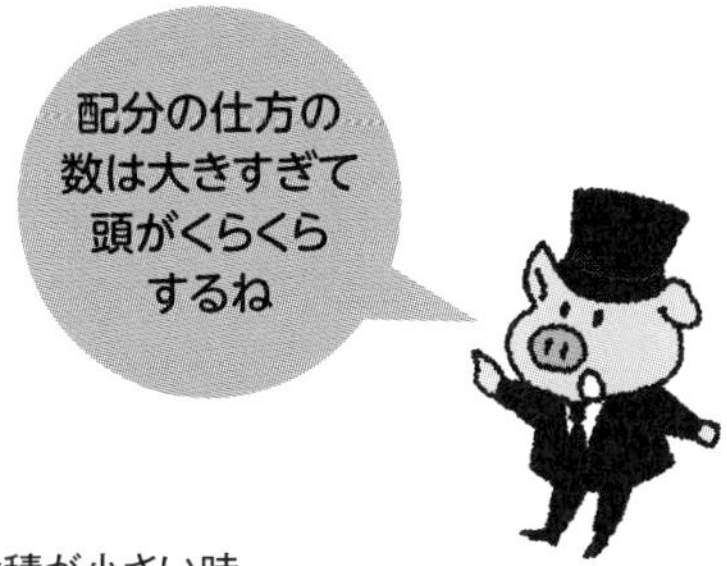

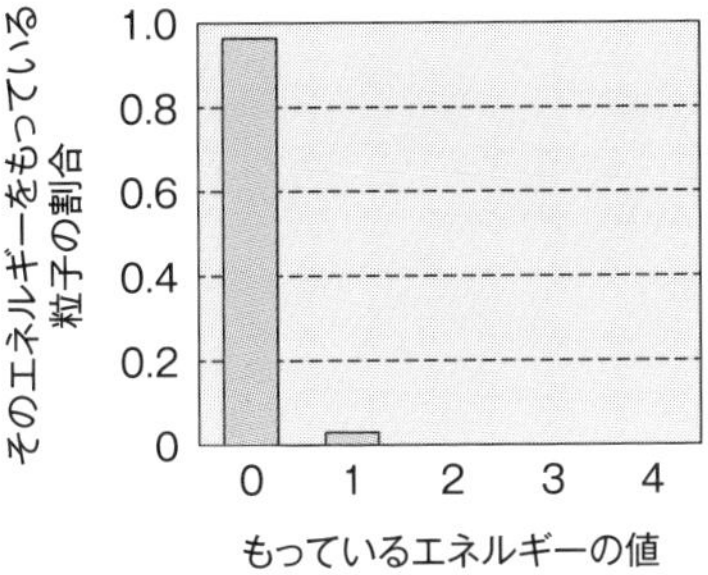

200Kで体積が小さい時

$W = 1.6 \times 10^{5}$

$S = 1.7 \times 10^{-22}$

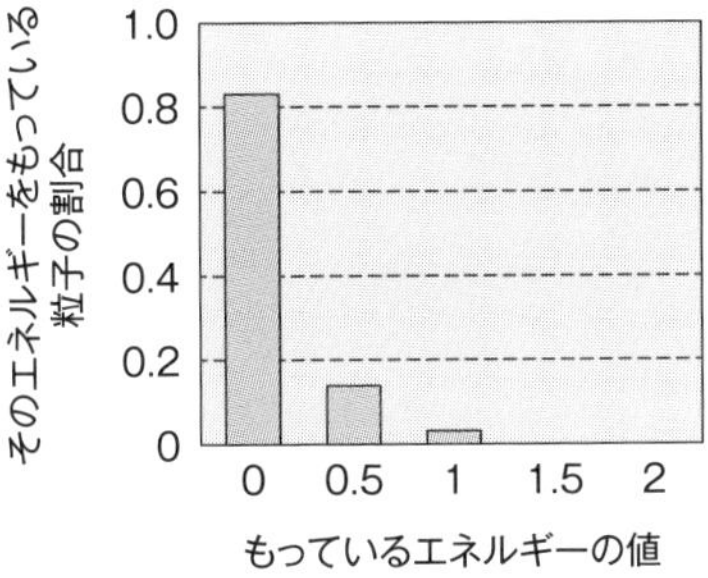

200Kで膨張して体積が大きくなった時

$W = 4.9 \times 10^{5}$

$S = 1.8 \times 10^{-22}$

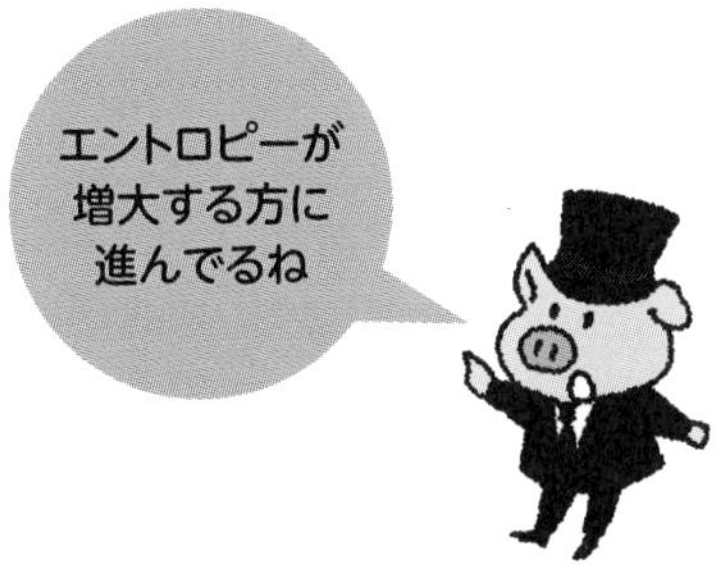

68 最後にやっぱりエントロピー

身の周りの現象をエントロピーを使って考える

エントロピーは難しくてなかなか理解できないと言われます。その理由はエントロピーにあるのではなく、私たちの自然現象の認識の仕方にあるのです。私たちは、年をとってはいきますが、毎日、毎年同じような生活を繰り返しているので、自然現象に方向性があることを、意外ときちんと認識していないのです。エントロピーを理解するためには、世の中のすべての現象は、完全には元に戻らないということを、きちんと認識しておく必要があります。本書では、身近な現象を取り上げて、自然の変化には方向性があることを理解していただけるように心がけました。

そのため、みなさんがエントロピーを理解するためのとっかかりは、得られたのではないかと思います。とにかく、自然の変化の方向性に関して、この世で起こるすべての自然現象に対して「全体のエントロピーが増大する方向にのみ起こる」という原理が成立します。これに反する現象を、今まで人類は経験したことがありません。おそらく今後もないでしょう。ですから、ぜひ、身の周りで自然に起こる現象を、エントロピーを使って考えるようにしてみてください。

エントロピーを増大させる要因として、エネルギーの質の低下と、物質の存在空間の拡大がありました。本書では、それぞれを「エネルギーのエントロピー」と「物質のエントロピー」と呼びました。そして、全体のエントロピーはこの2つの和として得られます。自然に起こる変化は、全体のエントロピーが増大すればよいので、いずれかのエントロピーが減少しても、もう1つのエントロピーがその減少以上に増大していれば変化は起こります。エネルギーと物質のエントロピーの観点を用いて、変化の方向性を議論すれば、必ず現象の本質が見えてきます。

本書をとっかかりにして、トコトン、エントロピーにこだわっていただいて、エントロピーを理解し、悟りを開いていただくことを願っています。

要点BOX

- エントロピーを理解するとっかかりを
- エネルギーのエントロピー
- 物質のエントロピー

エントロピーにこだわれば悟りが開ける

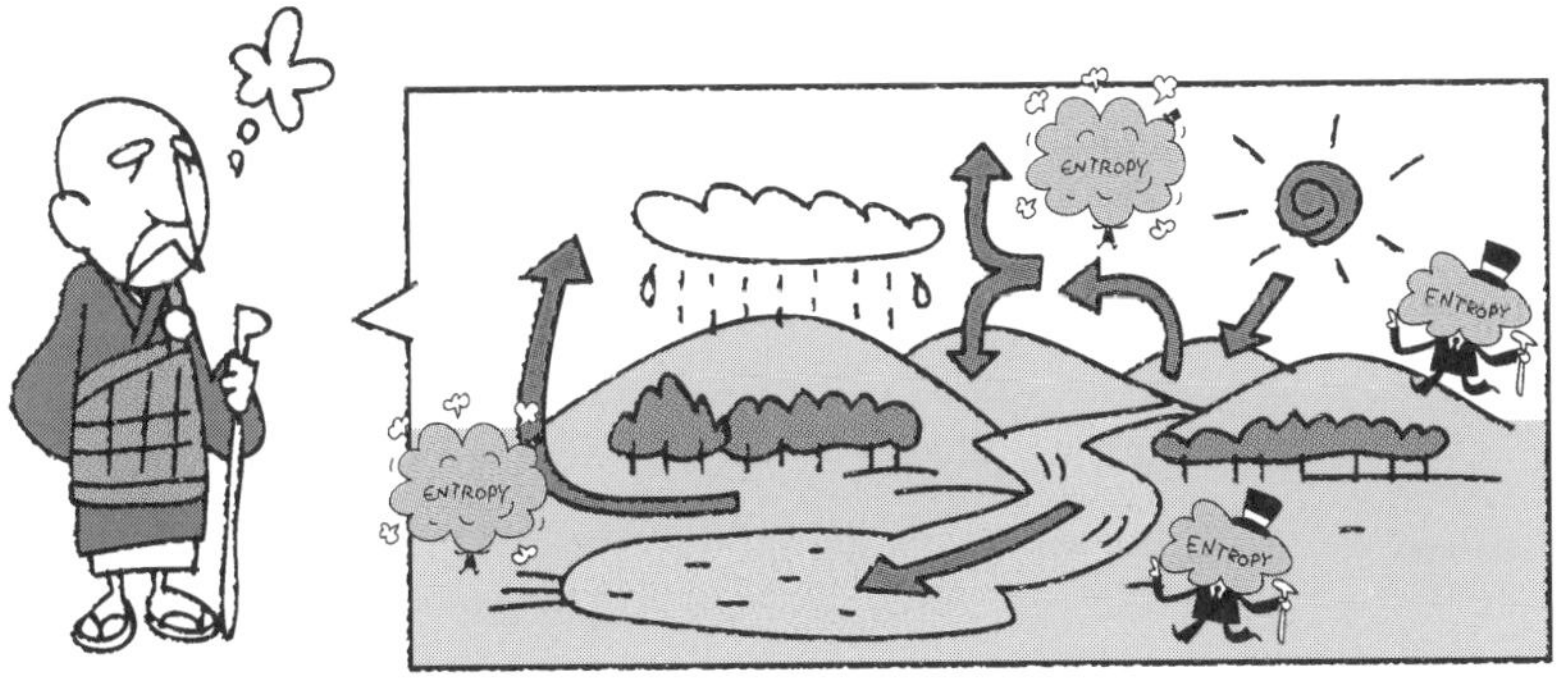

悟りを開いた老師

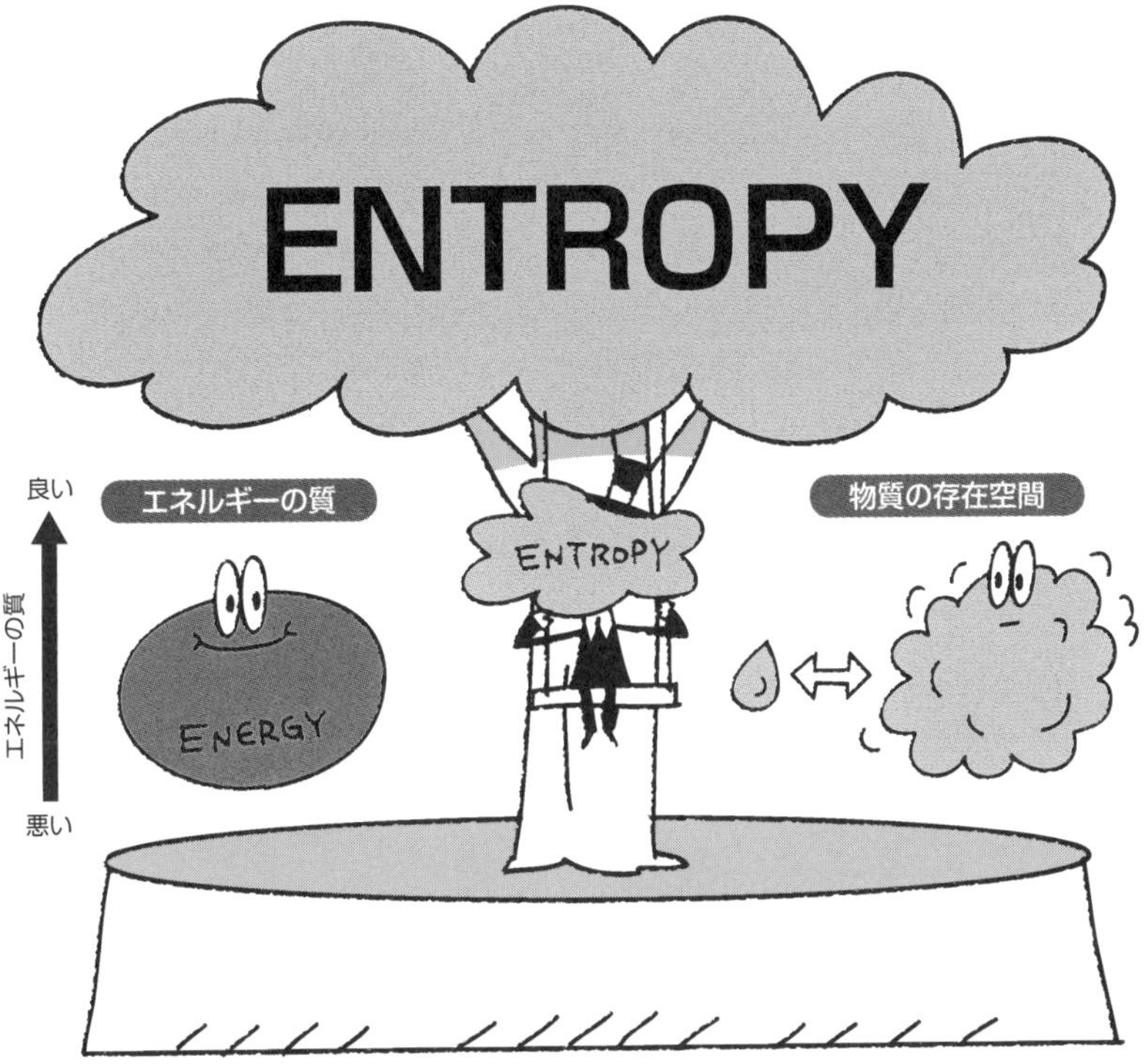

エントロピーはエネルギーの質と物質の存在空間で決まる

Column

熱の普遍性と特殊性

エネルギーやエントロピーを扱う学問を「熱力学」と言います。それぞれ第一法則、第二法則として定式化されています。そもそも、エネルギーやエントロピーの概念は、熱からどれだけ仕事を取り出せるかという、実用的・工学的な要請から出てきました。つまり、「熱」をトコトン追いかけてみたら、2つの法則が導かれたと言っても過言ではありません。改めて「熱」に注目すると、おもしろい解釈ができます。

まず、熱力学第一法則、つまりエネルギー保存則は、熱もエネルギーの一形態であることを主張します。熱も、電気や運動エネルギーなどと同じ、エネルギーの一種であるという、言ってみれば普遍的性質を示しています。それに対して、第二法則は、熱は、他の形態のエネルギーよりも、質の悪いエネルギーであることを示しています。その意味で他のエネルギーと異なる熱の特殊性を示していると言えます。つまり、熱力学の2つの法則は、熱の普遍性と特殊性を表現したものとも言えるのです。熱って奥が深いですね。

さて、熱力学そのものは、普遍的性質を議論しているので、すべての自然現象に適用できます。しかし、同じ工学分野でさえ、適用する対象が異なると、その応用の内容も大きく異なります。

熱力学を、内燃機関や冷凍機などに適用した場合は「工業熱力学」と呼ばれます。化学反応に適用する場合は「化学熱力学」と呼ばれます。同じ熱力学でも、かなり違った印象になります。本書では、化学熱力学をベースにした内容になっています。工業熱力学に興味のある方は、ぜひそのテキストをご覧になってください。

【参考文献】

「万物を駆動する四つの法則―科学の基本、熱力学を究める」ピーター・W・アトキンス著、斉藤隆央訳、早川書房（２００９）
「エントロピーと秩序 熱力学第二法則への招待」ピーター・W・アトキンス著、米沢富美子／森弘之訳、日経サイエンス社（１９９２）
「冷蔵庫と宇宙―エントロピーから見た科学の地平」マーティン・ゴールドスタイン、インゲ・F・ゴールドスタイン著、米沢富美子監訳、東京電機大学出版局（２００３）
「エントロピーのめがね」戸田盛和著、岩波書店（１９８７）
「熱力学で理解する化学反応のしくみ 変化に潜む根本原理を知ろう」平山令明著、講談社ブルーバックス（２００８）
「新装版 マックスウェルの悪魔 確率から物理学へ」都筑卓司著、講談社ブルーバックス（２００７）
「熱学思想の史的展開―熱とエントロピー」山本義隆著、現代数学社（１９８７）
「資源物理学入門」槌田敦著、NHKブックス（１９８２）
「熱学外論―生命・環境を含む開放系の熱理論」槌田敦著、朝倉書店（１９９２）
「化学熱力学―分子の立場からの理解」G.C.Pimentel・R.D.Spratley著、榊友彦訳、東京化学同人（１９７７）
「化学熱力学」原田義也著、裳華房（１９８４）
「熱力学要論―分子論的アプローチ」R.M.Hanson・S.Green著、千原秀昭・稲葉章訳、東京化学同人（２００９）
「エネルギーとエントロピーの法則―化学工学の立場から」小島和夫著、培風館（１９９７）
「やさしい化学熱力学入門―これから熱力学を学ぶ人のために」小島和夫著、講談社（２００８）
「大沢流 手づくり統計力学」大沢文夫著、名古屋大学出版会（２０１１）
「Quizでわかる化学」碧山隆幸著、ベレ出版（２００５）
「身の回りから見た化学の基礎」芝原寛泰・後藤景子著、化学同人（２００９）
「エントロピーをめぐる冒険 初心者のための統計熱力学」鈴木炎著、講談社ブルーバックス（２０１４）
「しっかり学ぶ化学熱力学 エントロピーはなぜ増えるのか」石原顕光著、裳華房（２０１９）
「おもしろサイエンス 熱と温度の科学」石原顕光著、日刊工業新聞社（２０１９）

タ

ナ

ハ

マ

ヤラ

索引

英ア

カ

サ

今日からモノ知りシリーズ
トコトンやさしい
エントロピーの本 第2版

NDC 426

2013年9月25日　初版1刷発行
2020年2月27日　第2版1刷発行

発行者　井水 治博
発行所　日刊工業新聞社
東京都中央区日本橋小網町14-1
(郵便番号103-8548)
電話　書籍編集部　03(5644)7490
販売・管理部　03(5644)7410
FAX　03(5644)7400
振替口座　00190-2-186076
URL　https://pub.nikkan.co.jp/
e-mail　info@media.nikkan.co.jp
企画・編集　エム編集事務所
印刷・製本　新日本印刷(株)

●DESIGN STAFF
AD——志岐滋行
表紙イラスト——黒崎　玄
本文イラスト——輪島正裕
ブック・デザイン——奥田陽子
(志岐デザイン事務所)

●
落丁・乱丁本はお取り替えいたします。
2020 Printed in Japan
ISBN　978-4-526-08043-2 C3034

●著者略歴
石原顕光(いしはら　あきみつ)

1993年　横浜国立大学大学院工学研究科博士課程修了
1993～2006年　横浜国立大学工学部　非常勤講師
1994年　有限会社テクノロジカルエンカレッジメントサービス　取締役
2006～2015年　横浜国立大学グリーン水素研究センター産学連携研究員
2014～2015年　横浜国立大学工学部　客員教授
2015年～　横浜国立大学先端科学高等研究院特任教員(教授)

●主な著書
「おもしろサイエンス 熱と温度の科学」
日刊工業新聞社(2019)
「しっかり学ぶ化学熱力学 エントロピーはなぜ増えるのか」
裳華房(2019)
「トコトンやさしい元素の本」日刊工業新聞社(2017)
「トコトンやさしい電気化学の本」日刊工業新聞社(2015)
「トコトンやさしいエントロピーの本」日刊工業新聞社(2013)
「トコトンやさしい水素の本 第2版」
共著、日刊工業新聞社(2017)
「トコトンやさしい再生可能エネルギーの本」
監修・太田健一郎、日刊工業新聞社(2012)
「再生可能エネルギーと大規模電力貯蔵」
共著、日刊工業新聞社(2012)
「原理からとらえる電気化学」共著、裳華房(2006)